U0270973

# 零起点学
# 时装画
# 手绘技法

胡越 著

化学工业出版社

·北京·

# 内 容 简 介

时装画技法是学习服装设计必备的基础技能之一。本书从时装画概述开始，遵循如何画人体、如何给人体画上服装、如何给时装画上色、如何画时装款式图的步骤，循序渐进地讲述了时装画的绘制技法及设计技巧；介绍了绘制时装画的多种艺术手法及各类面料、服饰配件及氛围的表现方法，同时对人体结构及各种绘制工具、材料的性能做了详细的介绍。

部分插图的绘制过程配有视频展示，扫描二维码即可观看。

本书内容全面丰富，图文并茂，理论讲解精辟，风格技法多样。不论是刚踏入服装行业的从业者，或是服装设计的业余爱好者，还是服装专业院校的师生，都能通过本书了解时装画绘制的基础法则，在短时间内有效提高绘画设计水平。

**图书在版编目（CIP）数据**

零起点学时装画手绘技法 / 胡越著. — 北京：化学工业出版社，2021.8

ISBN 978-7-122-39099-8

Ⅰ．①零… Ⅱ．①胡… Ⅲ．①时装 – 绘画技法 – 教材

Ⅳ．①TS941.28

中国版本图书馆 CIP 数据核字（2021）第 087488 号

责任编辑：贾　娜　　　　　　　　　　　　美术编辑：王晓宇
责任校对：王素芹　　　　　　　　　　　　装帧设计：水长流文化

出版发行：化学工业出版社（北京市东城区青年湖南街 13 号　邮政编码 100011）
印　　装：北京瑞禾彩色印刷有限公司
787mm×1092mm　1/16　印张 11¼　字数 246 千字　2021 年 8 月北京第 1 版第 1 次印刷

购书咨询：010-64518888　　　　　　　　　售后服务：010-64518899
网　　址：http://www.cip.com.cn
凡购买本书，如有缺损质量问题，本社销售中心负责调换。

定　　价：69.00 元　　　　　　　　　　　　　　　　版权所有　违者必究

时装画技法是学习时装设计必备的基础技能之一，灵活掌握时装画的绘制方法与技巧是开始学习时装设计的最初级和最重要的阶段。本书的编写，旨在帮助读者从"零起点"出发，迅速了解和掌握关于时装画的基本知识和技能，为今后的时装设计学习和工作打下坚实的基础。希望本书能成为读者得以实现闪耀在时装T台聚光灯下这一美好理想的起点。

本书从时装画的概述开始，讲解其历史、类型、工具和步骤，然后遵循如何画人体、如何给人体画上服装、如何给时装画上色、如何画时装款式图的步骤，逐步讲述了时装画的绘制技法及设计技巧；介绍了绘制时装画的多种艺术手法及各类面料、服饰配件及氛围的表现方法，同时对人体结构及各种绘制工具、材料的性能做了详细的介绍，从中可以体会到时装画不仅是一门技法，还是一种多变的艺术形式。本书是笔者多年来从事时装设计与教学实践的经验总结，目的是为零基础读者量身打造一套系统且高效的学习流程，读者跟随本书节奏，即可循序渐进地掌握时装画的绘制步骤和方法，最终能够独立完成一幅赏心悦目的时装画，甚至因为喜爱时装画而成为一位时装画家。

时装画的内容相当丰富，表现形式也非常多样，表现技法更是多姿多彩。在一幅时装画中，可以采用单一的表现技法，也可以采用多种技法综合表现，两者皆能达到完美地展现时装画独特内涵的目的。本书收集、整理并归纳了许多常用的表现技法，也介绍了一些特殊的表现技法。读者只需按照本书的主线步骤，熟练掌握其中少数的几种技法就足以表达丰富的时装设计内容。如果读者能持续练习、不断精进，还会形成属于自己的独特时装画风格，并因此而成为专业人士。

本书涵盖了时装画学习中各个层面、不同环节的内容，展示了数百幅精美范例，并对多个案例进行了步骤详解、要点说明。按照本书的进度，再通过反复的练习，相信读者会很快掌握时装画绘制的要领和技巧。读者可以在起步阶段模仿范例中的一些绘画风格或临摹大师的作品，这会是一个不错的方法！然后再尝试创作一些属于自己风格的时装画。本书不仅对时装画的绘制技法及绘制过程中常见的问题提供了详尽而具体的答案，与此同时，还希望培养读者对于时装色彩的掌握、服装面料的了解、服装类型的认识，以及对时装画艺术表现形式的审美和时尚流行的敏感度，为今后的工作奠定坚实的基础。

书中部分插图的绘制过程配有视频展示，扫描二维码即可观看。

本书浓缩了笔者对于时装画理解的精华，内容全面丰富，图文并茂，浅显易懂，层次清晰明确，理论讲解精辟，风格技法多样。不论是刚踏入服装行业立志成为专业时装设计师的从业者，或是服装设计的业余爱好者，还是服装专业院校的师生，都能通过本书了解时装画技法的基础法则，在短时间内有效提高绘画和设计水平，从零起点快速迈入时装设计师的行列。

本书得以付梓，离不开上海工程技术大学的领导和同事们的帮助，以及亲朋好友们的关怀，在此一并表示感谢！

由于作者水平所限，不足之处在所难免，敬请广大读者和专家批评指正。

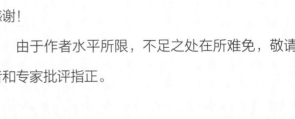

# 目录

# 第 **3** 章
# 怎样给人体着装

# 第 **4** 章
# 怎样给时装画着色

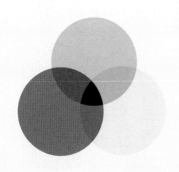

# 第 **5** 章
# 怎样画时装款式图

# 第 6 章
## 时装画综合表现技法赏析

第 **1** 章

# 什么是时装画

- 时装画的四种类型和用途

- 时装画工具与材料的准备

- 时装画的三种构图

- 时装画的基本步骤

# 时装画的四种类型和用途

1.1

即便对于没有任何时装设计和服装知识基础的读者而言，想必"时装画"一词也并不陌生。顾名思义，时装画就是以"时装"为题材和内容的绘画形式。但是你是否知道，时装画也有许多不同的类型，又有着相应的不同用途呢？

时装画最基本类型有时装插画（或称时装插图）、时装效果图、时装草图和时装款式图这四类，而且它们各自的形式与功能也是完全不同的。以下对这四类时装画分别加以介绍。

## 1.1.1 时装插画

现代意义上的"时装"起源于查尔斯·弗雷德里克·沃斯（Charles Frederick Worth，图1-1）所开启的时代。1858年，沃斯和一位瑞典衣料商奥托·博贝夫合伙，在巴黎的和平大街开设了"沃斯与博贝夫"时装店。这家自行设计、销售的时装店，标志着服装的设计和制作摆脱了宫廷沙龙的束缚，也突破了乡间裁缝手工艺的局限，一跃成为一门反映世界变幻的独特产业——"时装业"。1885年，珍妮·郎万（Jeanne Lanvin）在巴黎St-Honore市场（如图1-2所示）开设了第一家浪凡（LANVIN）服装工作坊，开始创立LANVIN品牌。1910年，香奈儿（CHANEL）在巴黎开立了首家女帽店。后来，迪奥

图1-1　查尔斯·弗雷德里克·沃斯　　图1-2　19世纪末的法国巴黎St-Honore市场旧照

（DIOR）、普拉达（Prada）等都成为时尚女性口中如数家珍的名字。香奈儿的女式裤装、迪奥的"新风貌"（如图1-3所示）也成为时尚流变中的不朽传奇。时间流淌过百年，人们记住了可可·香奈儿（CoCo Chanel），记住了克里斯汀·迪奥（Christian Dior），这些时尚大师改变了百年时装的发展历史，点缀了人们的生活。

在这些悠久的品牌背后，还有一群默默耕耘的艺术家，他们通过带有自身艺术风格的手绘，以时装插画的形式展现了时装设计大师们的创意与灵感。尤其在摄像技术尚不发达的20世纪早期，时装插画不仅是一种创意与灵感的展现，更是一种见证、一种记录。时装插画大师们的丹青妙笔使得一些设计永存于服装史并流传为经典（如图1-4和图1-5所示）。

图1-3　迪奥的"新风貌"

第1章　什么是时装画

第2章　怎样画人体

第3章　怎样给人体着装

第4章　怎样给时装画着色

第5章　怎样画时装款式图

第6章　时装画综合表现技法赏析

图1-4　1910's 的时装插画

图1-5　1920's 的时装插画

此外，时装插画也是商业与艺术的完美结晶，它们始终是众多时尚杂志和平面媒体不可或缺的一部分。创立于1892年的老牌时尚杂志*Vogue*以及随后的*Harper's Bazaar*等时尚杂

图1-6　1950's 勒内·格鲁瓦的作品

图1-7　勒内·格鲁瓦的时装插画

志大牌，曾捧红了J．C．莱恩德克尔、勒内·格鲁瓦（其作品如图1-6和图1-7所示）等一大批知名的时尚插画家。因此，时装插画的作者往往不是时装设计师，而是受雇于时装品牌以及时尚杂志的画家、艺术家。正因如此，时装插图是时装画中最困难和最高层次的，是画家对时尚的深刻理解和自我绘画艺术风格的完美结合，时装插画本身就是一门独立的艺术，画时装插图甚至可以成为艺术家的一门生存之道。

20世纪初至第二次世界大战之后的40年代和50年代，是时装插画发展的鼎盛时期，它在当时是主要的视觉表现形式。然而，随着新兴技术兴起，传统的手绘插画受到了摄影、电视等新兴传播媒介的严重入侵，其地位受到威胁，一度发展艰难。在21世纪的今天，人们对各种嘈杂的媒体轰炸感到厌倦，返璞归真地重新追求艺术原貌，时装插画又迎来了它的第二个春天。人们开始意识到时装画中蕴含着摄影所不拥有的价值——更加自主的创造性、更深刻的含义、更艺术化的作品。

正如一位时装插画家所说："时装插画设计师不能松懈下来，因为人不可能永远走运，某种特定的风格只会得意于某个特定的年代，因此我们必须不断地拓宽思路、汲取灵感，让作品永远保持新鲜感和趣味性。"

在一百多年的时装插画历史中，既有乔治·巴比尔、保罗·伊里巴、海伦·德莱登、汤姆·普维斯、Eric、Erté、勒内·格鲁瓦等一些早期的时装插画大师（其作品如图1-8～图1-11所示），他们的风格在现代看来或许有些陈旧，但其在现代时装插画史上的开山地位是无可替代的；还有克里斯汀·迪奥先生的"御用"时装插画大师克里斯汀·贝拉尔以及波普教父安迪·沃霍尔等人，他们见证了时装插画最为繁华的时代；更有大卫·唐顿、鲁本·托莱多、杰森·布鲁克斯、卡里姆·伊利亚等新晋时装插画家，他们的作品（如图1-12和图1-13所示）具有更多的现代元素，更富多样性，展现出戏谑、叛逆、优雅、奢华等多种风格。

时尚百年，一种情感。从时装插画里不但可以窥见百年之中具有代表性的时装插画大师的插画风格，更有他们的艺术历程、艺术追寻，甚至可以看到商业、艺术、文化等多种元素怎样在一位时装插画大师的作品中加以呈现。我们看到的不仅是艺术风格、绘画技

第1章 什么是时装画

第2章 怎样画人体

第3章 怎样给人体着装

第4章 怎样给时装画着色

第5章 怎样画时装款式图

第6章 时装画综合表现技法赏析

图1-8　乔治·巴比尔的时装插画

图1-9　海伦·德莱登的时装插画

图1-10　汤姆·普维斯的时装插画

图1-11　Erté 的时装插画

图1-12　大卫·唐顿的时装插画

图1-13　鲁本·托莱多的时装插画

巧，更会被凝结于其中的艺术精神与大师们的风骨所感动。

总之，时装插图应该比时装本身、比着装模特更加典型，更能反映时装的风格、魅力与时代特征，因此更加充满生命力。一幅好的时装插图能把时装美的精髓与灵魂表现出来！

## 1.1.2　时装效果图

如果说时装插图是一种表现时尚情感的艺术形式，那么时装效果图则更像是一种工具。一位时装设计师未必需要画出足以让人欣赏的时装插图，但他必须能够熟练地通过时装效果图来呈现尚未制作出来的服装看起来会是怎么样的，因为时装效果图是表现服装设计意念的必需手段。赋予思想以相宜的形式是人类最一般的需要。想象的东西总是漂浮不定，转瞬即逝。要将"模糊"的想法、突现的灵感"固定"住，必须得运用某种相宜的形式。对于从事服装设计的人来说，时装效果图就是一种直观而有效的方法。

通过时装效果图，设计师可以表达他的设计思想，修正设计观念，消除思维中的模糊干扰，从而使未成形的设计想法得到表现。因此从某种角度而言，时装效果图更写实、更具体、更具有说明性。总之，时装效果图就是表现某一具体服装的款式、结构、比例、色彩、面料以及着装效果等一系列时装设计内容的视觉图画。在现代时装最开始的查尔斯·沃斯（其礼服效果图如图1-14、图1-15所示）时代，时装效果图就是以这样的形式呈现出来的。

图1-14　1870's 沃斯的礼服效果图（一）

图1-15　1870's 沃斯的礼服效果图（二）

要学会画时装效果图，最好具备一定的美术基本功，造型与色彩能力的培养，素描、色彩、速写和默写训练以及各种技法的训练都是获得美术基础的必要手段。对于从来没有接受过美术训练的初学者而言，掌握时装效果图也不是遥不可及的目标，你只需要跟着本书的教学进度，一步一步认真学习、理解和训练，一定会很快掌握时装效果图这个时装设计师的"必备工具"。

此外，初学者也可以对时装效果图的训练方法有一个阶段性的把握与转换。第一阶段：临摹，这是入门学习的最佳途径，在这个阶段，可以根据本书内容或参考示范进行临摹，尽快掌握其中的基本原理和技法，打下良好的基础。第二阶段：仿造，根据前期掌握的原理和方法，逐步尝试着自己构想和创造，例如画出一个自己设定姿态的人体，一套自己想象的时装等，如果能顺利完成这个阶段的学习，你就已经初步掌握了时装画绘制技法。第三阶段：变异，这是一个提高和自我追求的阶段，就是在自身业已掌握的画法基础上，力求完善自己，超越他人，简单说来，就是做到"画得一手好时装效果图"。你对自己的要求有多高，你就能够画得有多好，甚至能够达到时装插画的水准噢！

就时装效果图的风格而言，主要有写实风格与写意风格两种。

### 1.1.2.1　写实风格

所谓写实风格，就是按照时装设计完成后可以预见的"真实效果"进行描绘，所绘制的结果具有一种接近照片式的写实风格（如图1-16和图1-17所示）。需要的话，还可以结合一些特殊的时装效果图技法，以便节省时间。如采用照片剪辑、电脑设计（如图1-18所示）、复印剪贴等，这些都是较为方便、快捷，且能达到良好效果的捷径。

### 1.1.2.2　写意风格

所谓写意风格，就是指抓住时装设计构思的主要特征，将效果图按一定的形式美感加以适当的变形、夸张、抽象等艺术处理，从而使纸面上的设计作品最后以写意的形式表现出来。写意风格的效果图（如图1-19～图1-21所示）不仅可以对时装的主题进行强调、渲染，还能对设计作品进行必要的虚化和抽象化。通常，设计师在创意时装作品时，都会因自身的喜好而带有一定的写意性处理，从而使时装效果图的形式、风格、手法呈现鲜明的

图1-16　**写实风格的女装时装效果图**　　图1-17　**写实风格的男装时装效果图**　　图1-18　**写实风格结合电脑剪辑的时装效果图**

7

个人特征。如果设计师对其所预想设计作品的特点进行重点强调，也可采用多种多样的写意手法来表达。

### 1.1.3 时装草图

时装设计是一项时间性相当强的工作，需要设计者在极短的时间内，迅速捕捉、记录设计构思。这种特殊要求使得这类时装画具有一定的概括性、快速性，而同时又必须让包括设计者在内的合作者，如样版师、工艺师和

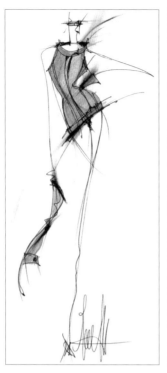

图1-19　线条感强烈的写意风格效果图　　图1-20　块面感强烈的写意风格效果图

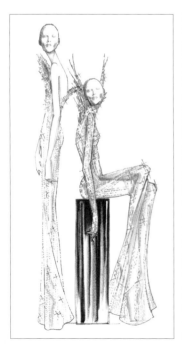
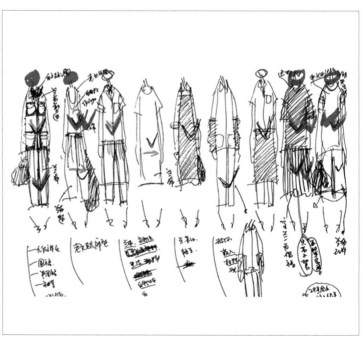

图1-21　变形强烈的写意风格效果图　　　　图1-22　时装设计草图（一）

生产商等，通过简洁明了的勾画、记录，读懂设计者的构思。一般来说，具有这些特性的时装画，便是时装设计草图（如图1-22所示）。

时装设计草图，可以在任何时间、任何地点，以任何工具，甚至简单地用一支铅笔、一张复印纸便可以绘制。通常设计草图并不追求画面视觉的完整性，而是抓住时装的特征进行描绘。有时在简单勾勒之后，采用简洁的几种色彩粗略记录色彩构思；有时采用单线勾勒并结合文字说明的方法，记录设计构思、灵感，使之更加简便快捷。人物的勾勒往往省略或相当简单，即使勾勒人物，亦侧重某种动势以表现时装的动态预视效果，而省略人体的众多细节（如图1-23所示）。

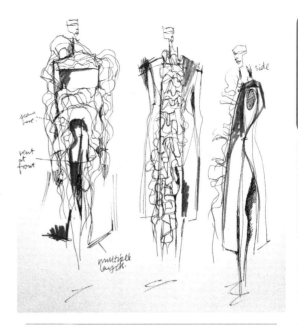

图1-23　时装设计草图（二）

通过以上介绍，我们可以知道，时装草图并不以追求绘画形式的审美和技法为目的，而是重在设计灵感的捕捉和视觉形象的表达，因此即便绘画基础十分薄弱，你也可以用自己习惯的方式表达设计构思和内容。而且，随着其他类型时装画的学习和训练的推进，必然会带动你设计草图的勾画能力，你也将能自然而然地信手画出一幅老练的设计草图来。

### 1.1.4　时装款式图

与前面介绍的三类时装画不同，画时装款式图更像是在绘制一款单件服装的平面图纸，而不像是绘画，也不需要画人体及其穿着效果。它就像是这款服装被平铺时所能看到的所有服装线条的组合，所以也被称为平面图。时装款式图由正视图和背视图两部分组成，包括了这件时装的外部轮廓线、内部结构线（如门襟、领口、袖口等）、部件（如口袋、腰带、襻子等）、配件（如纽扣、拉链、气眼等）线条、褶皱线条等。因此，时装款式图就是用于绘制时装的详尽部件及其组成方式的图纸。时装款式图与效果图的差异如图1-24所示。

通过图1-24中的案例可以看出，款式图的绘制也需要一定的技法，体现一定的美感。款式图不同于前面三类时装画那样具有自由和生动的气质，而是更具备工程图纸严谨细致的风格。这是因为款式图更多地服务于生产制造环节，比如，样版师需要看款式图来比较精确地制版，样衣师根据款式图来制作样衣也更容易等。本书将在第5章介绍款式图的画法，其中更多内容将涉及时装结构的知识。

综上所述，时装插图多由杂志、报刊等媒体绘制，需要较强的艺术感染力和时尚特征

第1章　什么是时装画
第2章　怎样画人体
第3章　怎样给人体着装
第4章　怎样给时装画着色
第5章　怎样画时装款式图
第6章　时装画综合表现技法赏析

# OFFICE

**图1-24　时装款式图与效果图的差异**

表达。时装效果图是设计师对头脑中的时装设计产品较为具体的预视，它按照设计构思，将设计师设计的时装形象、生动、真实地绘制出来，具有一定的说明性和预览性。时装设计草图则是记录设计构思时所采用的，着重记录款式造型特征，而忽略艺术特征。时装款式图则是时装结构的完整体现，以款式和工艺的说明性和准确性为主，审美性为辅。

# 1.2 时装画工具与材料的准备

第1章 什么是时装画

第2章 怎样画人体

第3章 怎样给人体着装

第4章 怎样给时装画着色

第5章 怎样画时装款式图

第6章 时装画综合表现技法赏析

工具对于一门技艺而言非常重要，好的工具往往会带给用户如虎添翼的美妙感受。画时装画的工具有很多，不同的工具可以用来绘制不同种类的时装画，也可以表现不同的设计灵感、风格、材质、肌理和图案等。使用者需要大胆尝试并不断熟悉各种不同工具的性能、效果和表现力，才能逐渐掌握它们，熟练地驾驭它们，最终做到为我所用。

## 1.2.1 纸张

纸张作为平面图形的载体，在时装画中是最重要的工具。一般用于美术基本训练的素描纸或水粉纸都不太适合画时装画，因为这两种纸张的材质都比较粗糙，不利于绘制更加精细的时装画（设计草图除外）无法体现时装画中线条的美感，而且由于这两种纸张都较易吸收颜料与水分，使得上色后的画面效果发灰且暗淡，也不利于体现艳丽的时装色彩。

比较常用的时装画纸张是白卡纸（如图1-25所示）。白卡纸是一种较厚实坚挺、用纯优质木浆制成的白色厚纸，经压光或压纹处理，主要用于包装装潢用的印刷承印物，分为A、B、C三级，定量在180～400g/㎡。180～210g重的白卡纸就足够画时装画了。画在这类纸张上的笔迹清晰，不模糊，上色不透水且鲜艳，非常适合表现时装画的各类特性。

另一种常用的纸张是硫酸纸（如图1-26所示）。硫酸纸是专业用于工程描图及晒版使用的半透明介质，表面没有涂层。由于它常用于拷贝图稿，常被俗称为拷贝纸。对于初学者来说，拷贝纸不可或缺，它可以用来从画好的时装画草稿中勾勒出比较满意的部分，然后将其拷贝到一张新的图稿上，从而保证了画面的整洁与准确（详见1.4节）。

此外，也可以选择水彩纸（如图1-27所示）作为主要画纸。水彩纸的吸水性比一般纸高，磅数较厚，纸面的纤维也较强壮，不易因重复涂抹而破裂、起毛球。水彩纸的种类相当

图1-25　**白卡纸**

图1-26　**硫酸纸**

图1-27　**水彩纸**

图1-28　速写本

多，便宜的吸水性较差，昂贵的能保存色泽相当久。据纤维来分，水彩纸有棉质和麻质两种。据表面来分，水彩纸则有粗面、细面、滑面的区别。依制造来分，又分为手工纸（最为昂贵）和机器制造纸。一般只需要选择较薄的棉质、细面、机制的类型即可。

以上介绍的时装画用纸可以满足初学者的需要，另外还需要准备的就是一本速写本（如图1-28所示），A3或A4幅面的（即8开或16开）均可，尽量选择纸张较好的铅画纸质或水彩纸质的。速写本多用来画草图和训练用，多画多练是学好时装画的关键。

如果你觉得自己还想尝试更多不同材质和色彩的纸张，包括牛皮纸、羊皮纸、云纹纸、瓦楞纸、色卡纸、宣纸、皮纸等都是可以选择的，同样的笔触在不同的纸张上会产生各种截然不同的视觉效果和质感，而且画设计草图更没有纸张的限制了。

## 1.2.2　笔

时装画使用的笔有许多种，根据学习的进度，需要逐渐掌握各种笔的不同功用和性能，以下对常用的笔逐一加以介绍。

最基本的当然是铅笔，铅笔历来就是一种用来书写以及绘画素描专用的笔类，距今已有四百多年的历史。木制笔杆、纸制笔杆或塑料笔杆等都可选，关键在于笔芯部分的石墨硬度。绘图铅笔分为H、HB和B三种系列。H系列有H、2H、3H、4H、6H这五种，数字越大代表硬度越大，一般画时装画2H、3H、4H就够用了；HB是硬度折中的系列；B系列有B、2B、3B、4B、6B、8B这六种，数字越大代表铅质越软，一般画时装画2B、4B、6B就够用（如图1-29所示）。硬度越大的铅笔，石墨浓度越低，画出的线条越淡；软度越大的铅笔，石墨浓度越高，画出的线条越深。

图1-29　铅笔

还有一种铅笔最初是木匠使用的，因而俗称木工铅笔（如图1-30所示），其笔杆和笔芯部分都是扁的，便于木匠画出细直线。而在画家手中，木工铅笔则可以变化出更加丰富的线条来。用木工铅笔作画，顺着窄面画时，线条细；顺着宽面画时，线条粗；而一边画一边变动接触纸面的角度和力度时，则可以变化出粗细相间、虚实并济的优美线条来，非常适用于表现时装画的特质。

图1-30　木工铅笔

与铅笔绘画效果最接近的是炭笔（如图1-31所示）。炭笔的笔芯由炭粉制成，较之铅笔，炭笔的黑更加浓重，线条的表

图1-31　炭笔

现力更强，但是不太容易修改，而且不能与铅笔同时使用。如果要画出较粗的线和大面积的黑，可以辅助使用炭精条（棒）（如图1-32所示）。常与炭笔和炭精条一起使用的还有擦笔（如图1-33所示），用来使某些局部更加柔顺。

图1-32　炭精条

图1-33　擦笔

勾线的时候通常使用钢笔、针管笔或者水性毛笔等。这里所说的钢笔不是我们常用的书写钢笔，而是美工钢笔，即头部是弯曲的，有一个扁平的面，原理和美工铅笔一样（如图1-34所示）。现在常用的针管笔也不同于最原始的结构，取而代之的是一次性的针管笔（如图1-35所示）。其笔尖直径从0.1mm至2.0mm不等，根据其笔尖直径可分为许多型号，画时装画时至少要准备细、中、粗三种型号。较之美术钢笔，针管笔触没有粗细的变化，而粗细变化最大的是模仿中国毛笔的水性毛笔（如图1-36所示，也有称秀丽笔），其造型和毛笔一样，只是材质不同，有一次性的，也有可注墨水的。

图1-34　美工钢笔

图1-35　针管笔

图1-36　水性毛笔

而到了着色的环节，就需要更多种类的有色画笔或配合颜料使用的毛笔。最简单的有色画笔就是水溶性彩铅（如图1-37所示），较之普通彩铅，它的笔芯材料是水溶性的，在画好笔触后可以用清水溶出水彩般的效果，更加生动柔和，更适合时装画的需要。另一种简便的上色画笔是色粉笔（如图1-38所示），形状像炭精条，材质是粉质的，结合擦笔，表现效果更好。

图1-37　水溶性彩铅

图1-38　色粉笔

第1章　什么是时装画

第2章　怎样画人体

第3章　怎样给人体着装

第4章　怎样给时装画着色

第5章　怎样画时装款式图

第6章　时装画综合表现技法赏析

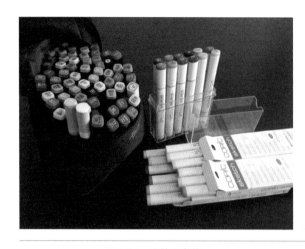

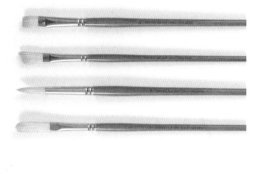

图1-39　水性马克笔　　　　　　　　　　　　　　　　　图1-40　水彩画笔

　　较之上述两种彩笔，更难掌握的是马克笔（又称麦克笔），通常用来快速表达设计构思以及设计效果图。马克笔有单头和双头之分，墨水分为酒精性、油性和水性三种。画时装效果图应当选择水性的，因为水性马克笔（如图1-39所示）颜色亮丽有透明感，用沾水的笔在上面涂抹的话，效果跟水彩很类似，有些水性马克笔干掉之后会耐水。除此以外，也可以准备一些特种马克笔，如金色、银色和白色的，它们可以用来画时装中的金属配饰，以及提亮某些局部等。

　　最难掌握的就是毛笔，通常选用西方的水彩画笔（如图1-40所示），而不用中国毛笔，因为水彩画笔笔头的造型更多样，型号更齐全，表现出来的笔触也更丰富。尽量选择材质好、做工精细的品牌和类型，这对于充分发挥水彩的笔触效果非常重要，必要时可以通过试笔感觉一下不同画笔的顺手程度。

## 1.2.3　颜料

　　与本书所介绍的纸和笔的选择相适用的最佳颜料就是水彩画颜料（如图1-41所示），因其颜料本身具有的透明性，绘画过程中又具有流动性，故非常适合用于时装画的表现。水融色的干湿浓淡变化以及在纸上的渗透效果使水彩画具有很强的表现力，并形成奇妙的变奏关系，产生了透明酣畅、淋漓清新、幻想与造化的视觉效果。此外，时装画中线条所要表达的时装款式结构与其本身的韵味也不会因颜色的遮盖而受到影响。

图1-41　水彩画颜料

　　当然，有时根据画面的需要，或是为了表现某些特殊的服饰材质，也需要用到一些色彩覆盖性更好的颜料，这时就可以选择水粉画颜料或广告画颜料（如图1-42所示）。此类颜料由粉质的材料组成，用胶固定，覆盖性比较强，经常需要

零起点学时装画手绘技法

图1-42　水粉画颜料和广告颜料

图1-43　盒装水彩画颜料　　　图1-44　固体水彩画颜料

图1-45　调色盒　　　　　图1-46　工具箱

图1-47　美术人偶　　　　图1-48　时尚杂志

用到的色相有锌白、煤黑、中灰等。

现在市场上还销售一些使用比较便捷的盒装或固体水彩画颜料（如图1-43和图1-44所示），对于初学者来说也是不错的选择。至于其他类型的颜料，如丙烯颜料、油画颜料、国画颜料等，往往在表现某些特殊效果的时候使用，暂时不需要考虑。

### 1.2.4　辅助工具

说到辅助工具，还是要根据前面所介绍的各类纸、笔和颜料来配套使用，也要视个人情况来购置。辅助工具包括橡皮、美工刀、胶带、图钉、画板、调色盒（如图1-45所示）、刮刀、水桶、画架、工具箱（如图1-46所示）等，品牌与样式众多。

此外，作为画时装画的工具，还有一些特别需要提及的辅助工具。如美术人偶（如图1-47所示），可以帮助我们理解人体和构建人体姿态；各类时尚杂志（如图1-48所示），可以帮助我们了解时尚信息，感受时尚气质，也可以作为绘画参考的图片；还有电脑及辅助设计软件，可以对实际运用中各种工具进行虚拟模仿，达到直观、便捷和数字化的目的；另外还有数码照相机和扫描仪等，可以用来输入画好的图像，进行电脑合成处理等。

总之，用于时装画的工具很多，但工具只是介质，关键在于你能否很好地掌握所拥有的每一件工具，并借此实现想要表达的设计创意，体现视觉效果、时尚气息以及艺术感觉。

第1章　什么是时装画

第2章　怎样画人体

第3章　怎样给人体着装

第4章　怎样给时装画着色

第5章　怎样画时装款式图

第6章　时装画综合表现技法赏析

# 1.3 时装画的三种构图

对于时装画，尤其是时装插画和效果图而言，构图是相当重要的。"构图"是一个造型艺术的术语，指艺术家为了表现作品的主题思想和美感效果，在一定的空间，安排和处理人、物的关系和位置，把个别或局部的形象组成艺术整体的布局。

构图的好坏关系到一幅画面的审美感觉，或舒服、或新奇、或时尚，无疑都会在第一眼给人留下深刻的印象。由于时装画的特殊性，即以时装和人物为主题的特点，故而其构图有一定的规律可循，最基本的有单人、双人和三人及以上构图。

## 1.3.1 单人构图

单人构图是时装画最常见的构图形式，根据人物及服装主体在画面中所呈现的主要形态可分为：垂直线构图、水平线构图、对角线构图、十字线构图、放射线构图、S曲线构图、C曲线构图、三角形构图、圆形构图、局部构图等。

① 垂直线构图（如图1-49所示）最常用，具有简单、明确、有力、醒目的特点，垂直线的位置可居中或在黄金分割比（1：0.618）的位置。

② 水平线构图（如图1-50所示）能够在画面中产生宁静、宽广、舒适、安稳的视觉效果，但要避免将其从中心穿过，靠上或靠下均可。

图1-49　**垂直线构图**　　　　　　　　图1-50　**水平线构图**

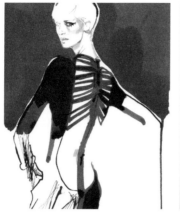

图1-51　对角线构图　　　　图1-52　十字线构图　　　　图1-53　放射线构图

图1-54　S曲线构图　　　　图1-55　C曲线构图　　　　图1-56　正三角形构图

③ 对角线构图（如图1-51所示）是指主体处于画面对角线上，最大限度地使用纸面长度的单人倾斜式构图，具有很强的动感，可用来表现出纵深的效果。

④ 十字线构图（如图1-52所示）是通过画面视觉中心的水平线和垂直线，把画面分成四个部分，这种构图使画面产生平衡、稳定、对称的视觉效果，也有凝滞和呆板的感觉，使用时要视时装的主题和风格而定。

⑤ 放射线构图（如图1-53所示）是由画面的视觉中心向四周放射地布置主体对象的构图形式，具有较强的张力和视觉冲击力，也能够造成收敛的视觉效果。

⑥ S曲线构图（如图1-54所示）具有较强的女性化柔美特征，既动感又舒适，可用于各种服饰内容，尤其可以体现流动感。

⑦ C曲线构图（如图1-55所示）比较适合表现浪漫优雅的时装气质，呈现人体的曲线美，较之S线曲线的构图更能强调女性曲线。

⑧ 三角形构图可分为正三角形（如图1-56所示）和倒三角形两种构图。正三角形的格式

令画面具有稳固性，并具有高度和力度上的优势；而倒置的三角形构图则具有不稳定的效果。不论正、倒三角形构图，都不要太过板正和对称地放置在画面中，否则容易造成呆板的感觉。

⑨ 圆形构图（如图1-57所示）往往由服装的廓形或背景轮廓造成，可以呈现圆润、可爱、饱满的效果。

⑩ 局部构图（如图1-58所示）则是指打破习惯性的完整构图法，引起观者对于局部的注意，达到强化与凸显局部的效果，或是可以体现整体画面的新颖的视觉效果。

图1-57　圆形构图　　　　　　　　　　　　　　　　图1-58　局部构图

## 1.3.2　双人构图

双人构图也可以根据两个人物在画面中的相互关系分为平行构图、正背构图、远近构图、穿插构图等。

① 平行构图（如图1-59所示）的两个人物，形态接近，关联较小，没有主次，气氛和形式处于比较均衡的状态。有些画面中的两个人形态一致或者相反，可以产生对称的镜面般的趣味。

② 正背构图（如

图1-59　平行构图　　　　　　　图1-60　正背构图

图1-60所示）中的两个人物一个正面，一个背面，此类构图能够更好地表现服装的款式，因而常见于时装画中。

③ 远近构图（如图1-61所示）中的两个人物一前一后、一近一远、一大一小、一主一次，近景中的人物是主体，远景中的人物是从属和辅助。

④ 穿插构图（如图1-62所示）中的两个人物关系密切、态度亲近、肢体交错，气氛和形式比较活泼。

图1-61　远近构图　　　　图1-62　穿插构图

第1章　什么是时装画

第2章　怎样画人体

第3章　怎样给人体着装

第4章　怎样给时装画着色

第5章　怎样画时装款式图

第6章　时装画综合表现技法赏析

### 1.3.3　三人及以上构图

三人及以上构图可以根据人物的排列关系分为齐排式构图、错位式构图、主体式构图、铺满式构图等。

① 齐排式构图（如图1-63所示）具有一定的规矩，形式整齐、清晰，适合于商业性质的时装设计图。构图以左右、上下或斜势进行整齐排列。

② 错位式构图（如图1-64所示）将整体排列打散，将三人或几人的组合进行高低、

图1-63　齐排式构图　　　　　　图1-64　错位式构图

左右的错位排列，使画面整齐中有变化，适合多种形式的时装画构图。

③ 主体式构图（如图1-65所示）中有一个人物是主体，其余的两人或多人是从属和陪衬，比较适合时装插画和效果图。

④ 铺满式构图（如图1-66所示）是将设计的款式及其形象不分主次、全部均匀地排列在画面中，适合时装流行趋势的发布图稿。为了避免琐碎的感觉，可以有疏密的排列关系，以突出一个较为主要的视觉区域。

图1-65　**主体式构图**

图1-66　**铺满式构图**

# 1.4 时装画的基本步骤

第1章 什么是时装画

第2章 怎样画人体

第3章 怎样给人体着装

第4章 怎样给时装画着色

第5章 怎样画时装款式图

第6章 时装画综合表现技法赏析

在画时装画，尤其是时装效果图的时候，恰当合理的步骤往往会起到事半功倍的成效。特别是对初学者来说，遵循一定的程序，有条不紊地推进，将极大地提高最后画面的质量、美感和整洁度。本书的编写顺序也正是按照这些基本步骤逐一详细讲解的。

## 1.4.1 绘制人体

人体是时装效果图中的支架部分，它就像是一栋建筑物钢筋水泥的框架，是服装与配饰的载体，同时也能起到体现审美的作用。因此，第一步就是要画好一个或多个姿态与构图合适的人体，如图1-67所示，来为时装的绘制搭好这个基本框架，而且选择一个合适的人体姿势对于时装款式、结构与风格的充分表现尤为重要。本书的第2章将详细介绍人体的画法。

## 1.4.2 绘制时装

在已经画好的人体上，就可以按照时装的具体样式，将其合理地画到人体上了，要注意人体与时装结合的合理性和准确性。在这个阶段，不需要将服装线条下面的人体线条擦掉，只需要让服装的结构造型线清晰可辨，为第三阶段的拷贝做好充分准备，如图1-68所示。在本书的第3章将详细介绍给人体穿上时装的基本方法。

## 1.4.3 拷贝

前面所完成的两个阶段的画面，可能看上去比较粗糙和凌乱，有许多不必要的线条和不准确的地方，那么在拷贝这个阶段，就可以精

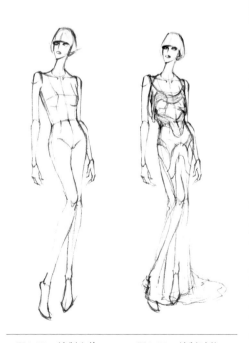

图1-67　绘制人体　　　图1-68　绘制时装

细考虑，哪些线条和部分需要出现在最终的效果图上，然后把它们认真地借助硫酸纸（拷贝纸）完整地复制到正式的画稿上去，如图1-69所示。

### 1.4.4 勾线

紧接着就是勾线的阶段，可以用钢笔、针管笔、勾线笔等前面所介绍过的工具，对时装和人物等进行勾勒。这个步骤可以令画面立刻神采奕奕，并产生一种非常完整和清晰的视觉效果，而且这对于时装款式与结构的表达也是至关重要的，比如图1-70中的整体廓形、细部分割线、吊带与装饰线等，都需要描绘清晰。

### 1.4.5 着色

最后一步就是着色，这是一幅时装画成败的关键所在。通过着色，可以表现出这套时装的色彩、图案和材质等一系列重要内容，而这些是线条无法或者很难表达出来的。根据不同部分，如人体、服装、配饰等，相应的色相和明暗关系，给绘制的时装效果图上色，如图1-71所示。

好的着色可以使画面生动、立体和具有感染力，而如果着色效果不理想，则将极大地影响到画面美感，破坏原有的较好的草稿基础。因而，着色的训练也是非常重要的，需要通过大量的练习来熟练掌握着色技巧。本书的第4章将介绍关于色彩与着色的基本方法。

上述所介绍的时装效果图的绘制步骤，是最适用于初学者的方法，随着表现技法的日趋熟练，相信你会逐渐提高绘画的速度和效率，也将逐渐学会简化这些步骤，达到随心所欲的境界。到了这时候，你就可以按照自己的喜好与风格，自由地绘制时装画了。

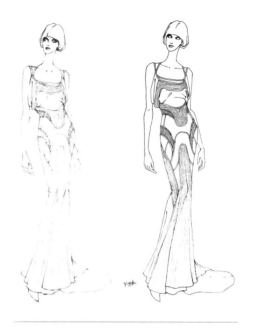

图1-69 拷贝　　　图1-70 勾线

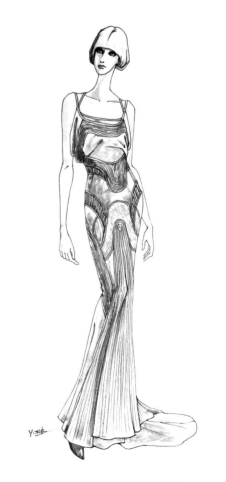

图1-71 着色

第**2**章

# 怎样画人体

- 人体的基本结构
- 人体的局部画法

# 人体的基本结构

人体是时装之所依，要想画好时装画，首先必须了解和掌握人体的基本结构、比例和运动规律。人体是时装画的基础，只有先把人体画美了，才能把时装画美。通过本章的学习，不但能够由内而外地理解整个人体框架以及人体各部分的画法，还可以快速而生动地描绘出想要的人体姿态，为时装的表现提供基本的支架。

## 2.1.1　怎样画人体的骨架

首先让我们来了解一下人体的骨骼到底是什么样子的。人体一共有206块骨头，正面人体骨骼如图2-1所示，不必记住全部骨骼的名称和结构，只需要记住以下一些最主要的骨骼块面和线条，如图2-2所示。

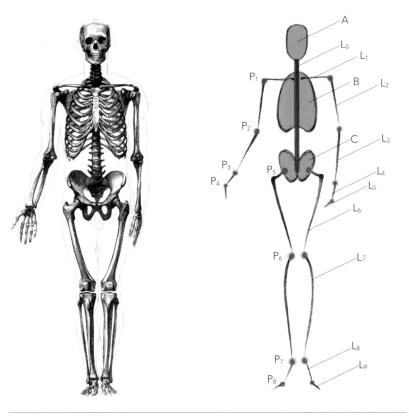

图2-1　正面人体骨骼　　　　图2-2　最主要的骨骼块面和线条

- 3大块面：头骨块面（A）、胸骨块面（B）、盆骨块面（C）；
- 1根主线：脊柱线（$L_0$）；
- 9对支线：锁骨线（$L_1$）、上臂线（$L_2$）、前臂线（$L_3$）、手掌线（$L_4$）、手指线（$L_5$）、大腿线（$L_6$）、小腿线（$L_7$）、脚掌线（$L_8$）、脚趾线（$L_9$）；
- 8对关节点；肩关节（$P_1$）、肘关节（$P_2$）、腕关节（$P_3$）、指关节（$P_4$）、髋关节（$P_5$）、膝关节（$P_6$）、踝关节（$P_7$）、趾关节（$P_8$）。

当然，从侧面来看人体的话，这些块面和线条的造型又有了很大的差异（如图2-3所示）。而且在时装画中，从画人体骨骼开始，就要有一定的拉长和变形处理，以使人体的比例更理想，如图2-4所示。

① 头骨块面的正面和侧面造型是不一样的，正面像是个倒置的蛋形，侧面则像是一个圆加上一个椭圆，圆代表脑部，椭圆代表脸部。男性和女性的造型也不能画得一样，男性的头骨块面造型要画得更方正平直一些，女性的则需画得更接近蛋形，如图2-5所示。

② 胸骨块面从正面看如同两个呈"八"字形相交的椭圆，椭圆的长度在1.5个头长左右；从侧面看则合并成为一个椭圆（如图2-4所示）。男性的胸骨块面比之女性的要更宽大些。

③ 盆骨块面从正面看如同两个呈倒"八"字形相交的椭圆，椭圆的长度在1个头长左右；从侧面看则合并成为一个椭圆（如图2-4所示）。女性的盆骨块面比之男性的要更宽大些。

④ 脊柱线$L_0$是由26块脊椎骨相连而成的、可以适度弯曲和扭转的线条，包括颈椎7块、胸椎12块、腰椎5块、骶椎5块、尾椎4～5块（成年人骶椎和尾椎分别融合成1块骶骨和1块尾骨）。直立情况下，从正面看是直线，而从侧面看则是S形的曲线（如图2-4所示）。而且脊柱

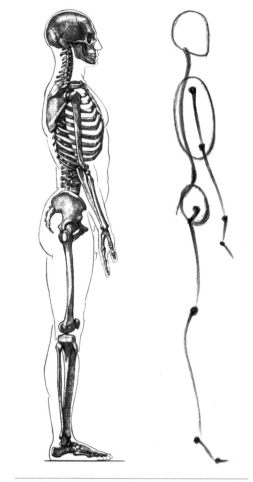

图2-3　侧面人体骨骼　　图2-4　侧面的骨骼块面和线条图

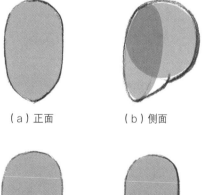

（a）正面　　　　　（b）侧面

（c）男性头骨造型　　（d）女性头骨造型

图2-5　不同角度和性别头骨块面的画法

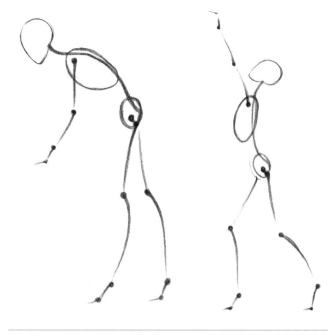

线的造型决定了人体躯干部分的姿态，如稍息、弯腰（如图2-6所示）、后仰（如图2-7所示）等。

⑤ 锁骨线$L_1$，男性的长度是1.5个头宽，女性是1个头宽；上臂线$L_2$和前臂线$L_3$的长度均是1个头长；手掌线$L_4$与手指线$L_5$合起来的长度为0.9个头长；大腿线$L_6$和小腿线$L_7$都要拉长到2个头长左右（这是时装画变形的特点，也可以画得更长些）、脚掌线$L_8$与脚趾线$L_9$合起来的长度为1个头长。

上述的块面和线条，除了脊柱线以外，其形态造型都是不可变动的，而使人体能够有各种姿态的关键在于以$P_1 \sim P_8$这些主要关节点为中心，各个相应部分有限度地转动。把握好这个人体的运动规律，就可以按照个人意愿自由地构造出人体的各种动态来，如图2-8和图2-9所示。

然后，将这些块面、线条和关节点按照时装画的比例组合成一个9头身长的人体骨架来，如图2-10所示，从中可以看出男女骨架的差异。

图2-6 弯腰的姿态 图2-7 后仰的姿态

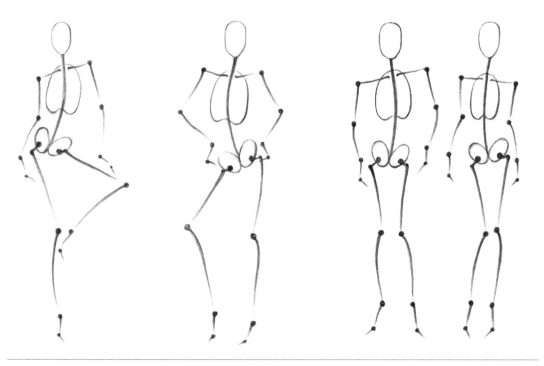

图2-8 构造的人体骨骼（一） 图2-9 构造的人体骨骼（二） 图2-10 男女骨架

零起点学时装画手绘技法

如果以头骨的高度为一个单位，那么通常第2个头的位置在胸骨块面的中间部位，第3个头的位置在腰部（人体躯干最窄的部位），第4个头的位置在人体中心耻骨的位置，也就是脊柱线结束的位置。上臂线长至第3个头的腰线处，前臂线至第4个头的髋部位置，当手臂自然下垂时，手掌与手指线之长接近第5个头处。大腿和小腿的长度都占去了2个头的长度，膝关节在第6个头的位置，踝关节在第8个头的位置，脚掌线与脚趾线之和占去第9个头的长度。当然，如果你想适当地对人体骨骼的四肢与颈部加以变形拉长也是可以的。

除了前面说过的3大骨骼块面的男女差异外，还要注意：女性的颈部可以更长一些，因此肩线可以比男性更低些；而男性的盆骨块面位置可以比女性的更低一些。

通过上述男女骨骼画法的区别，在最根本的支架部分就已经能够将男女的性别差异表现出来了。

此外，还需要注意重心的问题，简单来说就是要让人体站得稳定。一般情况下，头骨块面应与主要受力的脚处于同一重心线上（如图2-11和图2-12所示）。

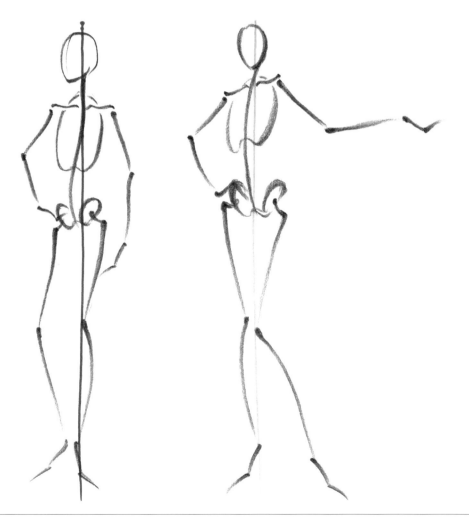

图2-11　**站立骨架的重心线（一）**　　图2-12　**站立骨架的重心线（二）**

第1章　什么是时装画

第2章　怎样画人体

第3章　怎样给人体着装

第4章　怎样给时装画着色

第5章　怎样画时装款式图

第6章　时装画综合表现技法赏析

图2-13　坐着时的骨架　　　图2-14　双腿不在同一平面　　　图2-15　单腿站立时的　　　图2-16　双腿同时受力时
　　　　　　　　　　　　　　　　　上时的骨架　　　　　　　　　　　骨架　　　　　　　　　　　的骨架

而当人体骨架是坐着的时候
（如图2-13所示），或者是其他
姿态的时候（如图2-14～图2-16所
示），其骨架的变化也有一个平
衡的问题。要想画好不同姿态的
人体骨架，需要多加练习和感受。

## 2.1.2　怎样画人体的肌肤

肌肤是附着在人体骨骼上的有
机组织，在运用骨骼的画法搭好人
体骨架以后，再来表现人体的肌肤
就会简单和准确很多。如果急于一
步到位，直接画人体的外表和细
节，结果就会适得其反。

真正的人体肌肉非常复杂，
不需要记住所有的肌肉，但需要
记住主要部位的肌肉造型。男性
的肌肉组织比较健壮且发达（如

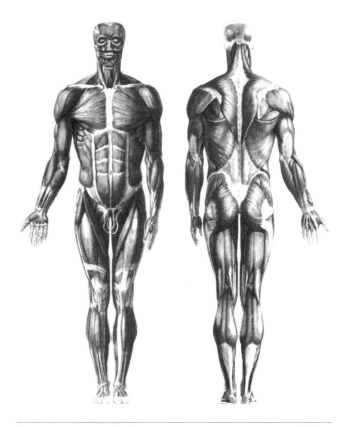

图2-17　男性正面人体肌肉组织　　　图2-18　男性背面人体肌肉组织

图2-17和图2-18所示），女性的肌肉组织则较柔弱且纤细，因此男女性别的差异在肌肉方
面相较于骨骼就有很大差异。

可以在骨骼的基础上（如图2-19所示），通过简单的几何块面来构建人体的基本肌肤造型：如图2-20所示，人体的头部块面基本没有变化，颈部是一个圆柱形（与肩相接的部分前低后高），肩部是两个对称的三角形（因有斜方肌），腰部以上是一个倒梯形，腰部以下至大腿骨转折处是一个正梯形，上臂和大腿都接近圆柱形，前臂和小腿都接近上肥下窄的瓶形，而手脚都是一个梯形和三角形的组合，所有的关节都是圆球形。

添加肌肉时需要注意以下几点规律：

① 人体关节处的肌肉组织较稀少，多筋腱，表皮贴近骨骼，因而比较细窄；

② 不论男女，下肢的肌肉组织较之上肢的更加发达而且粗壮；

③ 皮肤几乎没有厚薄的变化，不随骨骼或肌肉的起伏而变化，只是皮下脂肪的厚度，男女有一定差异；

④ 关节之间往往因肌肉的丰厚而有起伏，如上臂处的肱二头肌、大腿处的股外侧肌、小腿处的腓肠肌以及臀大肌等；

⑤ 除了关节和后背的肩胛骨处，骨骼大多被肌肉包裹；

⑥ 男性的胸部造型为胸大肌，处于胸骨块面中部，女性的胸部造型为乳房，略低于男性胸肌造型；

⑦ 胸骨块面周围的肌肉丰富，男性的较之女性的更发达，因而更大于胸骨块面的造型和体量；

⑧ 女性盆骨块面周围的皮下脂肪较男性的丰满，因而比男性的更圆浑；

⑨ 男性颈椎周围的肌肉较女性的更发达，显得与头部同宽，加之后背斜方肌的发达，显得其颈椎比女性更短；

⑩ 男性的关节也要比女性的更粗壮。

此外，肌肤的添加一方面需要符合人体的基本造型，另一方面还要适应时装画的特殊需要，进行一定程度的变形和美化，以达到时尚的视觉效果。时尚界对于男性和女性的审美标准是不一样的，而且不同的时代也有所差异，近来，中性化的趋势使男女的肌肤性别差异日益变小。

关于男性和女性肌肉块面造型结构的差异如图2-21和图2-22所示。

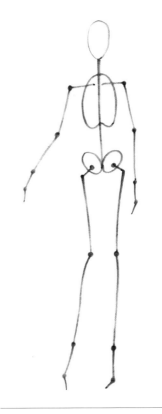

图2-19　第一步先画骨骼线条

图2-20　第二步再画肌肉块面

第 1 章　什么是时装画

第 2 章　怎样画人体

第 3 章　怎样给人体着装

第 4 章　怎样给时装画着色

第 5 章　怎样画时装款式图

第 6 章　时装画综合表现技法赏析

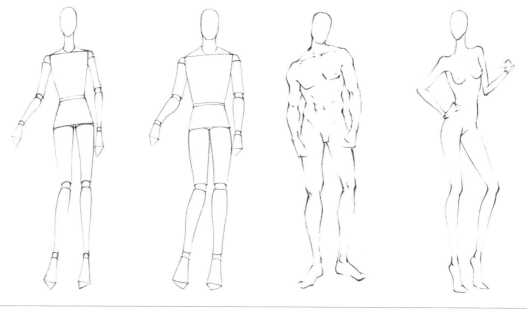

图2-21　女性的肌肉块面　　图2-22　男性的肌肉块面　　图2-23　男性的表面肌
　　　　　　　　　　　　　　　　　　　　　　　　　肤画法　　　图2-24　女性的表面肌肤
　　　　　　　　　　　　　　　　　　　　　　　　　　　　　　　　　　画法

在把握好基本的人体肌肉造型块面之后，就可以进一步给这些块面画上生动的人体表皮线条了。需要注意的是，男性的表面肌肤线条要更加粗壮有力（如图2-23所示），而女性的则需要更加柔长秀丽（如图2-24所示）。

此外，值得注意的是，男性和女性的胸部在表面皮肤上是有较大差异的，男性体现的是胸大肌的造型，而女性则体现乳房的造型。

### 2.1.3　掌握几种最基本的人体姿势

一般来说，每个时装设计师都习惯使用一些自己常用的人体姿势，这样就可以避免构思新的人体动态，而把时间主要放在服饰的表现上。根据时装表现效果的需要，我们需要掌握男性和女性的正面、侧面、背面等几种实用的人体姿势，以表达不同视角下的服饰特点。

本书准备了一些不同视角的人体姿势，除可供大家临摹和练习外，也可以作为绘制时装效果图时的模板使用，如侧面站立的男女人体姿势（如图2-25和图2-26所示），背面站立的男女人体姿势（如图2-27和图2-28，

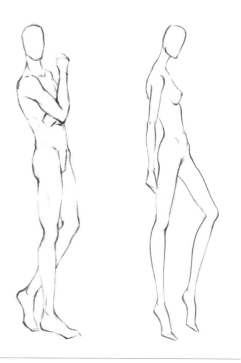

图2-25　侧面站立时的　　图2-26　侧面站立时的女
　　　　　男性人体　　　　　　　　　性人体

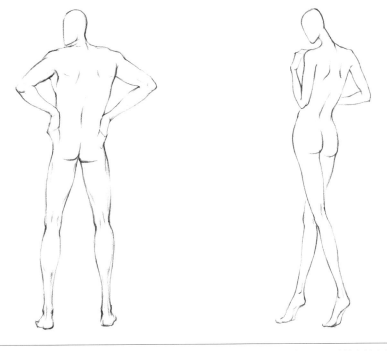

图2-27　背面站立时的男性人体　　　　　　图2-28　背面站立时的女性人体

图2-29　走路时的男性人体　　　　　　图2-30　跑步时的女性人体

以及运动中的男女人体姿势（如图2-29和图2-30所示）。

　　当然，读者也可以自己来绘制一套属于你的不同视角的人体姿势库，用于在未来的学习和工作中经常练习和应用。

第1章　什么是时装画
第2章　怎样画人体
第3章　怎样给人体着装
第4章　怎样给时装画着色
第5章　怎样画时装款式图
第6章　时装画综合表现技法赏析

# 2.2 人体的局部画法

在掌握了人体的骨骼和肌肤画法以后，就可以进入到人体的局部画法阶段了，让我们从头部和发型开始学起，然后再学会画脸部，再到手和脚的画法，这些局部的画法通常对于刚入门的读者来说是比较困难的部分，所以要更加勤奋地练习才能够完全掌握。

## 2.2.1 怎样画头型和发型

人体头部的基本造型与本章的第一节头骨块面阶段介绍过的是一致的（如图2-5所示）。在此节需要进一步理解的是，人的头部是一个立体造型，在学习怎样画脸之前，有必要理解一些透视的原理，比如近大远小、曲线的变形等。此外，还应该知道，头部的下颚骨是唯一可以运动的骨骼，女性的下颚骨较尖削，男性的则更加方正。

头部另一个非常重要的部分就是头发，头发的生长有一定的范围，而这个范围就是我们常说的发际线。由于透视的原因，发际线在人的头部的位置和造型，在侧俯视、侧仰视、正俯视等不同视角的时候，是不完全相同的（如图2-31所示）。

而在发际线内就是头发生长的范围

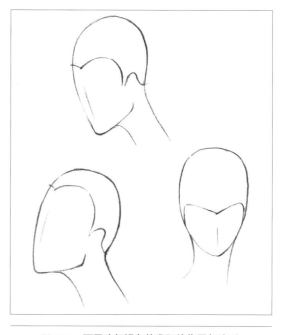

图2-31　不同头部视角的发际线位置与造型

了，头发是先直立生长出来，再随着发型来变化的。表现发型是画头部时非常重要的环节，初学者往往是一丝一丝地画头发的，而正确的画法是一组一组来画。一是要画清晰发型的轮廓，二是要画清楚发型的丝流和造型，并且应该通过线条或色彩适当表现出头发的光泽和质感来。此外，由于男性与女性的发质和性别特征差异，画男性发型的线条需要更加短促有力，画女性发型的线条则需要更加修长柔软。

总之，画头发要概括，切忌杂乱烦冗。图2-32～图2-37示范了几种男女发型的画法，通过反复临摹和练习，相信你会掌握其中的技巧（要注意男女发型的对比画法）。

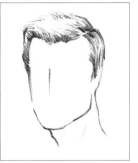
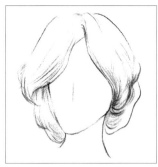

第1章 什么是时装画

第2章 怎样画人体

第3章 怎样给人体着装

第4章 怎样给时装画着色

第5章 怎样画时装款式图

第6章 时装画综合表现技法赏析

| 图2-32 | 图2-33 | 图2-34 | 图2-35 |
| --- | --- | --- | --- |
| 图2-36 | 图2-37 | | |

图2-32 男性发型（一）
图2-33 女性发型（一）
图2-34 男性发型（二）
图2-35 女性发型（二）
图2-36 男性发型（三）
图2-37 女性发型（三）

## 2.2.2 怎样画脸

在时装画中人物的脸部表现不仅可以使画面更加完整，更是观看者最先关注的部分，因而脸部画得是否悦目，直接影响到整幅时装画的成败。下面就按照人体脸部的重要性依次介绍其画法。

### 2.2.2.1 眼睛和眉毛

学习脸部的画法首先要从五官的画法及其位置和比例关系开始，而作为"心灵窗口"的眼睛表现则是重中之重。一般来说，正面平视的情况下，眼睛的位置在整个头部中心的水平线上（如图2-38和图2-39所示），对称地居于头部纵向中心线的两边，两只眼睛之间的距离是一只眼睛的宽度，而双眼外侧至耳朵轮廓的距离都是一只眼睛，这就是我国传统肖像画中所谓"三庭五眼"中的"五眼"。

画眼睛的时候需要连着眉毛一起画，否则会显得非常奇怪，而且画眉毛的时候也要注意线条的运用，这与画发型的道理是一样的。一般从练习画女性的一只眼睛及眉毛开始学习，

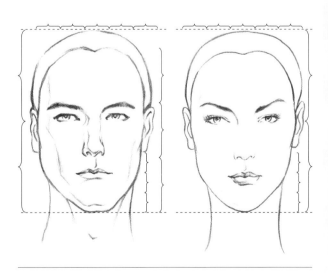

图2-38 男性脸部的画法　　图2-39 女性脸部的画法

可以先临摹如图2-40所示的范例，然后试着按照相同的方法来表现时装照片里的眼睛和眉毛。需要尽量画得精细一些，以便深入理解眼睛的构造、睫毛和眉毛的生长规律以及怎样画才能使眼眉看起来更加美丽动人。

时装画中表现男性与女性的眼睛与眉毛的特征需要有较大的差异，以下介绍几个要点。

① 男性眉眼间的距离要更近一些；女性眉眼间的距离则要更远一些（如图2-41和图2-42的对比）。

② 男性的眉毛要画得更粗壮平直，眉头窄、眉弓宽、眉梢尖；女性的眉毛则要画得更细长弯曲，眉头宽、眉弓和眉梢细。

③ 男性眼睛的造型更接近平行四边形，较扁平且有棱角；女性眼睛的造型则更接近菱形，更圆润且直立，眼睫毛可以画得明显一些。

④ 男性眼睛周围因骨骼和肌肉的起伏而形成的轮廓线条及阴影可以适当多画一些，以体现男性的阳刚与沧桑气质；女性眼睛周围除了上眼睑以外不要画线条和阴影，以免产生苍老的感觉，适当还可以画些眼梢部位的眼影以增加眼部的魅力（如图2-43和图2-44的对比）。

⑤ 男性的眼黑可以画得更深邃，女性的眼黑则可以画得更圆而完整，但是不论男女，眼黑的部分都要适当画得明亮一些，有透明晶体的效果。

图2-40　单只眼睛和眉毛的画法

单只眼睛和眉毛的画法　　眼眉上色

图2-41　图2-42　图2-43　图2-44

图2-45　图2-46

图2-41　男性眼眉画法（一）
图2-42　女性眼眉画法（一）
图2-43　男性眼眉画法（二）
图2-44　女性眼眉画法（二）
图2-45　不同视角的男性眼眉画法（一）
图2-46　不同视角的男性眼眉画法（二）

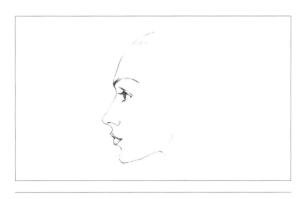

图2-47　正侧面女性眼睛与眉毛的画法（包括鼻子与嘴）

图2-48　女性嘴的画法（一）　图2-49　女性嘴的画法（二）

图2-50　女性嘴的画法（三）　图2-51　女性嘴的画法（四）

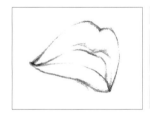

图2-52　女性嘴的画法（五）　图2-53　女性嘴的画法（六）

图2-54　男性嘴的画法（一）　图2-55　男性嘴的画法（二）

在掌握正面的眼睛和眉毛画法以后，还需要理解和学会各种不同视角的眼眉造型和表现，需要将眼睛和眉毛放置在立体的空间上加以考虑，掌握透视学的一些规律，才能够真正画好眼眉（如图2-45～图2-47所示）。画好了眼部，人物脸部就已经画成功一大半了。

### 2.2.2.2　嘴

时装画中的人物脸部处于第二重要的位置，尤其对于女性而言，眼睛、眉毛和嘴唇是重点化妆的部位，所以，当我们来画比较简略的时装画脸部的时候，往往会省略其他部分。

从位置的角度来说，嘴的口裂线大致处于鼻底至下颚之间的三分之一处，而其宽度一般是一个半眼睛的宽度。上半唇由三块小肌肉组成，人中处于上半唇中间的凹陷处；下半唇只有一块小肌肉，比较饱满，其厚度略大于上半唇（如图2-48所示）。

口裂线是一条一波三折的曲线，两端的嘴角处微微上翘是最美的造型，如图2-49所示。当嘴是张开的状态时，会露出牙齿，这时要尽量避免对牙齿的刻画，否则会显得累赘，甚至丑陋。而在不同视角时，也要注意透视的变化（如图2-50～图2-53所示），正侧面的画法可见图2-47。

男性与女性的嘴唇造型也是有差异的。男性的唇线要表现得平直，嘴唇厚度要更薄（如图2-54和图2-55所示）；而女性的唇线则要表现得更富曲线，嘴唇更厚、更性感（如图2-38与图2-39的对比）。此外，女性的嘴唇化妆对于嘴

第1章　什么是时装画
第2章　怎样画人体
第3章　怎样给人体着装
第4章　怎样给时装画着色
第5章　怎样画时装款式图
第6章　时装画综合表现技法赏析

型的改变可以有很大的影响。

### 2.2.2.3 鼻和耳

相较于眉眼与嘴，鼻和耳在时装画中的作用就要小很多，有时甚至被省略，而且如果鼻、耳画得太多或者画不美，都会影响整幅画面的效果。因此，一般情况下我们只要比较简略地来画就可以了。

鼻子的长度大致是发际线至下颚长度的三分之一，鼻子由鼻梁、鼻头、鼻翼和鼻孔等组成。有必要掌握几个常见的不同视角的鼻子画法（如图2-56～图2-61所示），来应付各种人体姿态。此外，男性的鼻子要画得有型，轮廓分明，结构硬朗；而女性的则越简略越好，除侧面视角外，甚至可以不画鼻子。

耳朵的长度略短于鼻长，位置处于头部侧面的中间，其结构由耳郭和耳垂组成。与鼻子的表现一样，男性的耳朵也可以画得清晰些，而女性的则可以省略些，有时可以用耳饰来表达，很多时候都被发型遮盖。同样，你也应该能够默画出几个不同视角的耳朵（如图2-62～图2-65所示）。

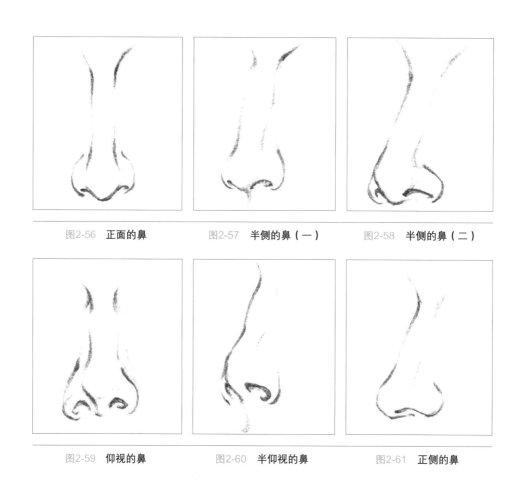

图2-56　**正面的鼻**　　　图2-57　**半侧的鼻（一）**　　　图2-58　**半侧的鼻（二）**

图2-59　**仰视的鼻**　　　图2-60　**半仰视的鼻**　　　图2-61　**正侧的鼻**

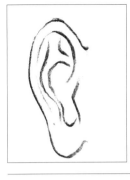
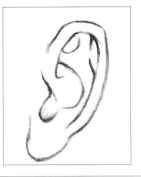

图2-62　半侧的耳朵　　　　　图2-63　正侧的耳朵　　　　　图2-64　正面的耳朵　　　　　图2-65　斜侧的耳朵

### 2.2.3　怎样画完整的头部

　　在分别学习了头形、发型和脸部的画法之后，就可以将其整合在一起，画出人物头部的完整造型了。可以记住几个不同视角的头部造型，以适应不同时装画表现的需要。

　　以下示范了一些男女模特头部的不同视角画法，以帮助大家理解和练习（如图2-66～图2-78所示）。

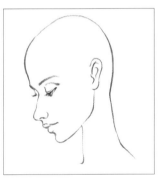

图2-66　仰视的女性头部　　　　　图2-67　侧俯视的女性头部　　　　　图2-68　俯视的女性头部

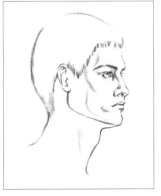
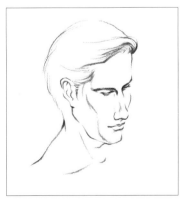

图2-69　平视的女性头部　　　　　图2-70　侧视的男性头部　　　　　图2-71　侧俯视的男性头部

第1章　什么是时装画
第2章　怎样画人体
第3章　怎样给人体着装
第4章　怎样给时装画着色
第5章　怎样画时装款式图
第6章　时装画综合表现技法赏析

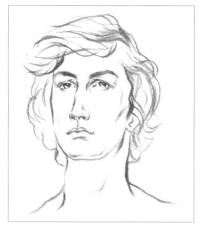

零起点学时装画手绘技法

## 2.2.4　怎样画手和脚

在前面的章节中，我们已经学习了手和脚的大致结构与造型。而当我们要展现某个特写的服饰品时，如首饰、包袋和鞋子等，就需要画出比较详尽的手脚细节来，以增强效果图的感染力和说明性。下面就学习怎样画特写的手和脚。

### 2.2.4.1　手的画法

手部的画法是很难掌握的，需要比较透彻的理解和大量的练习才能够画好看。手的长度基本等于人的脸部长度（从发际线至下颚）；手的两大部分为手指和手掌，两者的比例基本是1∶1.1；手掌的形态可以理解为略带扇形的瓦片型，手背拱起，关节处突起（如图2-79所示）；手心主要是两块肌肉群，一是大拇指附近肌肉群，二是小拇指附近肌肉群（如图2-80所示）。

每根手指都可以理解为逐级变窄的三节管形，按顺序插在手掌瓦形的侧面，五根手指各自的长度和粗细都略有差异。所有的手部关节与人体其他部分的关节一样都能够在一定的限度内转动，形成了千变万化的手部姿态，尝试着描绘各种不同视角和姿态的手部（如图2-81～图2-86所示）并不断加深理解和默画，才能够画好手。

此外，在画男性和女性的手时也要区别对待。一般来说，女性的手部线条更细腻柔美，女性的手部造型更加修长，尽量少画褶皱线条，指甲也要画得细长优美（如图2-87所示）；而男性的手部线条更短促有力，手形则更粗壮，可适当多画些线条，指甲可以略宽扁（如图2-88所示）。

 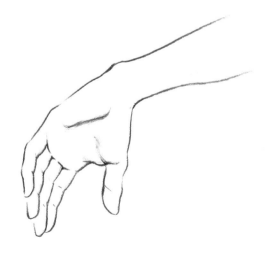

图2-79　**手背的结构**　　　　　　　　图2-80　**手心的结构**

第1章　什么是时装画
第2章　怎样画人体
第3章　怎样给人体着装
第4章　怎样给时装画着色
第5章　怎样画时装款式图
第6章　时装画综合表现技法赏析

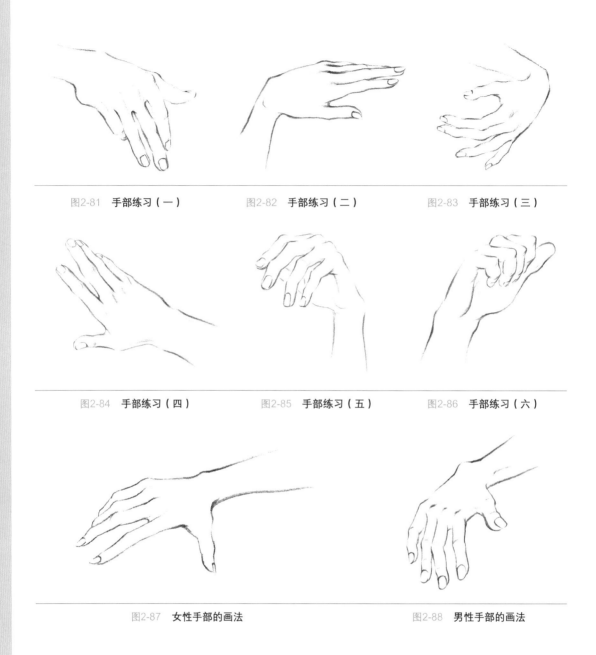

图2-81　**手部练习（一）**　　　　图2-82　**手部练习（二）**　　　　图2-83　**手部练习（三）**

图2-84　**手部练习（四）**　　　　图2-85　**手部练习（五）**　　　　图2-86　**手部练习（六）**

图2-87　**女性手部的画法**　　　　　　　　　　　　　图2-88　**男性手部的画法**

## 2.2.4.2　脚的画法

较之于手的画法，画脚就要简单许多，这是因为：一方面，脚的造型变化少；另一方面，时装画中的脚也处于相对次要的位置。

脚的长度大致相当于一个头长。脚也分为脚掌和脚趾两个部分，脚掌占四分之三的脚长，脚趾占四分之一左右。俯视的脚掌近似梯形，侧视时则近似三角形，脚弓呈弧形，如图2-89和图2-90所示。

俯视的脚趾由大到小呈弧形排列，大脚趾要大于其余脚趾很多，侧视时则如同两级阶梯。表现脚的时候也要附带着表现脚踝和一部分的小腿，从而表现出脚的完整性，如图2-91和图2-92所示。更多的时候，脚都是与鞋子一起来画的，画脚要为画鞋子服务。

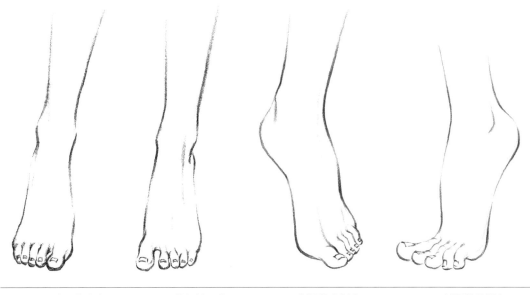

图2-89　俯视的右脚　　　图2-90　俯视的左脚　　　图2-91　侧视的内侧脚　　　图2-92　侧视的外侧脚

## 2.2.5　画出完整的人体模特

　　学会人体各个部位的画法以后，就能够完整地将人体模特绘制出来并将其作为绘制时装时的人体支架，就像本书第1章所说的第一个步骤。

　　设计师们在画时装效果图的时候，通常都是一遍遍重复着自己已经非常熟练和习惯的几种人体模特来进行绘画的。现在你也可以尝试着把人体的各个部分综合起来，建立令自己满意的男女人体模特档案库了，如图2-93～图2-96所示。

## 2.2.6　不同年龄阶段的画法

　　人体的比例从出生开始，随着年龄阶段的不同有着显著的差异。通常将年龄阶段分为幼儿期（0～2岁）、儿童期（3～6岁）、少年期（7～12岁）和青少年期（13～17岁）四个阶段。四个不同年龄阶段的人体比例关系如图2-97所示。

　　一般情况下，幼儿期人体的比例是四个头的高度，体胖而腿短；儿童期约有五个头的高度，身体仍然偏胖，但四肢略长一些；少年期大概有七个头的高度，这时的身体已经开始偏瘦长了，四肢也长了许多；青少年期的比例有八个头的高度了，身体也已经趋于成熟。

　　由此可见，在人体的成长过程中，头部的比例是变化最小的，其次是颈部和躯干部分，而四肢的变化则是最大的。从幼儿到成年，四肢的增长幅度几乎为躯干的两倍，因此在画儿童和青少年服饰的时候，人体的比例应按照其特定的年龄阶段来表现。

　　图2-98～图2-103示范了各个不同年龄阶段的时装画范例，供大家临摹练习，以快速掌握各类童装的比例及其画法。

图2-93　男模人体（一）　　图2-94　女模人体（一）　　图2-95　男模人体（二）　　图2-96　女模人体（二）

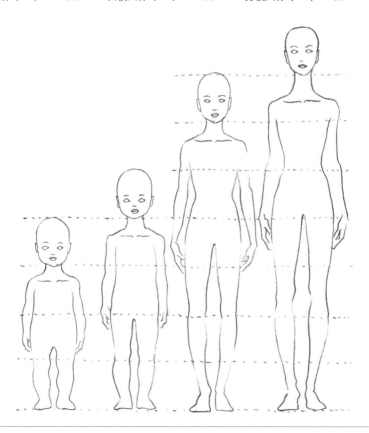

图2-97　四个不同年龄阶段的人体比例关系

图2-98 幼儿期的效果图　　　图2-99 儿童期女童的效果图　　　图2-100 儿童期男童的效果图

图2-101 少年期女童的效果图　　　图2-102 青少年期男孩的效果图　　　图2-103 青少年期女孩的效果图

第1章 什么是时装画

第2章 怎样画人体

第3章 怎样给人体着装

第4章 怎样给时装画着色

第5章 怎样画时装款式图

第6章 时装画综合表现技法赏析

第**3**章

# 怎样给
# 人体着装

- 选择合适的人体姿态

- 服装造型与人体的关系

- 怎样画衣纹与衣褶

- 怎样给人体画上服装

- 怎样画服饰配件

# 3.1 选择合适的人体姿态

服装是穿着在人体以外，主要由柔软的面料和辅料制作而成的，具有保护和装饰人体作用的物品，素有"人类的第二皮肤"之称。因此，首先来说，时装效果图的造型基础是人体，选择合适的人体姿态是表现出服装最重要的部分及其整体美感的关键所在。

在确定人体姿态的时候，应当在头脑中预先有一个时装画的大体廓型和服装所要表现的重点。例如：抬起的手臂有助于充分体现袖子的造型（如图3-1所示）；分开的双腿则用来表达裤子、裙子或裙裤的样式（如图3-2所示）；背面与侧面的姿势则能够较好地演绎后背部和侧身的时装细节（如图3-3和图3-4所示）。

图3-1　**手臂抬起的姿态**　　　图3-2　**双腿分开的姿态**　　　图3-3　**背视的姿态**　　　图3-4　**侧视的姿态**

另一个需要注意的方面就是人体姿态的风格与服装风格的一致性，这也是与人体为服装服务的原则密切相关的。例如：配合正装、礼服等的人体就需要比较端庄、文静、肃穆的姿态（如图3-5所示），而休闲、运动、趣味风格的服装就需要轻松、活泼、动感的姿态来匹配（如图3-6所示）。总之，人体姿态的选择必须以表现服装为最终的目的。

第1章　什么是时装画

第2章　怎样画人体

第3章　怎样给人体着装

第4章　怎样给时装画着色

第5章　怎样画时装款式图

第6章　时装画综合表现技法赏析

图3-5　正装风格的姿态　　　　　　　　　图3-6　运动休闲风格的姿态

　　为了给初学者提供可以拷贝或临摹的参考，本书特别按照不同类型的常用人体姿态提供了一些模板，读者可以在这些模板的基础上画出发型、妆容、服装和配饰，并为你的时装效果图着色。

### 3.1.1　正面姿态

　　正面姿态是时装效果图中最常用的，时下比较流行的正面人体姿态以挺直站立式（如图3-7所示）和T台走秀式（如图3-8所示）最为常见。

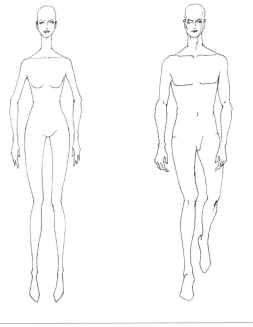

图3-7　挺直站立式女模　　　图3-8　T台走秀式男模

## 3.1.2　侧面姿态

　　侧面站立的人体姿态大多为挺直站立的正侧面式（如图3-9所示）和比较轻松的微侧面式（如图3-10所示）。

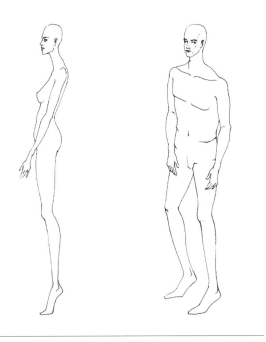

图3-9　正侧面站立式女模　　　图3-10　微侧面站立式男模

第1章　什么是时装画

第2章　怎样画人体

第3章　怎样给人体着装

第4章　怎样给时装画着色

第5章　怎样画时装款式图

第6章　时装画综合表现技法赏析

### 3.1.3  背面姿态

背面人体姿态通常也以挺直站立（如图3-11所示）和叉腰式站立最为常见（如图3-12所示）。

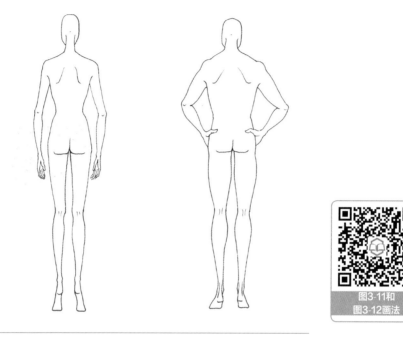

图3-11  **正背面挺直站立式女模**    图3-12  **正背面叉腰站立式男模**

---

## TIPS

从上述三类人体姿态模板可见，当今时装画中最常使用的人体模特姿态以较为板滞的风格为主流，尤其出现在系列效果图的组合时最为明显，与造型丰富、姿态妩媚的经典审美观与表达力已经大相径庭。

那么，为什么会有这样的潮流变化呢？笔者以多年在行业内的实践、教学和大赛评审等事态观察与经验分析，大概有两个方面的原因：其一，随着电脑辅助设计软硬件的广泛应用，现代时装效果图（尤其是参加各类设计比赛的作品）大多采用电脑合成的表达方式，虽然视觉效果较之纯手绘的更加光鲜亮丽，但同时也逐渐弱化了时装设计新人们手绘时装画的能力；其二，当代的时尚审美观也确实发生了一定的变化，那些称之为"酷"或"潮"的流行风尚多以我行我素、桀骜不驯或者中性化等为特质，由此也影响了时装效果图中的人体姿态，进一步趋向于挺直型和少动态型（如图3-13所示）。

图3-13　当下比较流行的效果图中的模特姿态

第1章　什么是时装画

第2章　怎样画人体

第3章　怎样给人体着装

第4章　怎样给时装画着色

第5章　怎样画时装款式图

第6章　时装画综合表现技法赏析

　　虽然时尚潮流的变化本就无可厚非，但是作为一个专业的时尚设计师而言，具备较强的手绘时装画的能力也是综合素养的表现之一。图3-14为笔者的设计手稿。克里斯汀·迪奥、卡尔·拉格菲尔德、伊夫·圣·洛朗、高田贤三等时装大师都能画一手好设计效果图，图3-15为克里斯汀·迪奥的手稿，我们应当以他们为楷模，并向着大师的方向努力。

图3-14　胡越的设计手稿　　　图3-15　克里斯汀·迪奥的设计手稿

### 3.1.4　运动姿态

图3-16和图3-17画法

　　为了适当有所变化，时装画中也会穿插一个有对比或者变异的人体姿态，如大小变异、正侧变异或者正背变异等，还有一种就是静动变异，所以也需要准备几个运动姿态，特别是令人感觉跟随潮流的动态（如图3-16和图3-17所示）。

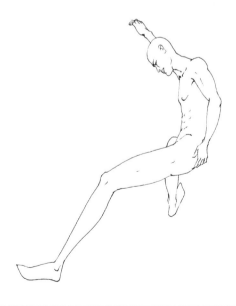

图3-16　跳街舞的女性模特姿态　　　图3-17　攀岩运动的男性模特姿态

# 3.2 服装造型与人体的关系

第1章 什么是时装画

第2章 怎样画人体

第3章 怎样给人体着装

第4章 怎样给时装画着色

第5章 怎样画时装款式图

第6章 时装画综合表现技法赏析

一方面，人体与服装的结合是以人体为基准的，并且有着一定的限度和规律，要在一个合理的范围内进行表现；另一方面，服装自身又有着五花八门的造型，并不完全与人体相符。因此，我们也需要搞清楚服装造型与人体的关系。

根据直观的服装的体量和廓型与人体的比较，服装可以分为合体型、贴体型和游离型三种基本类型。

## 3.2.1 合体型

合体型是最常见的服装造型与人体的关系，是服装与人体之间的空间最合适的一种类型。服装的整体廓型和局部造型既与人体保持基本一致，又以直线和弧度较小的曲线为主，且有着一定的松量。而且在人体关节处有着适当的活动量，如袖笼腋窝处、裤裆处、衣摆和裙摆处等。西式的套装、风衣、夹克等都属于典型的合体型服装。

因而，在表现合体型服装的时候，其轮廓与结构线条应该基本随着人体的曲线，但又比较直挺地运行，尤其在肩部、侧缝、衣摆等处。而且在有活动量的地方需要适当地放大松量，从而使合体型服装展现自身优美简洁的结构与造型（如图3-18所示）。

## 3.2.2 贴体型

贴体型是服装造型与人体的关系最密切、服装与人体之间的空间最小的一种服装类型。一般来说，由于服装材料的弹性，如莱卡、针织、氨纶面料等，或者服装结构的处理完全符合人体曲线，如紧身胸衣、斜裁的衣片等，而与人体造型完全一致。典型的服装有针织衫、紧身运动装、文胸和内衣等。

在表现贴体型服装的时候，其轮廓与结构线条应该完

图3-18　合体型服装

全随着人体的曲线运行，只是在胸部、手肘、腋窝、膝盖、袖口和脚口等处略有皱褶和起伏。而且由于人体的转动，有些部位会因紧绷而产生皱纹，从而强化了其贴体的特性（如图3-19所示）。

### 3.2.3 游离型

游离型是服装造型与人体的关系最松散、服装与人体之间的空间最大的一种服装类型。通常情况下，服装只是在局部位置，如肩部、胸部、腰部等，因服装受力而与人体贴合，其他的部分展现的完全是服装自然状态下的造型与结构。此时的服装主体游离于人体之外，与人体的关系相当疏离，服装占据了绝大部分的画面比例。

图3-19　**贴体型服装**

游离型服装又可分为两种：一种是自然游离型（如图3-20所示），如面料轻薄、裙身硕大的裙子或连衣裙；另一种是硬挺游离型（如图3-21所示），如具有撑垫物的礼服和创意服装等，此类服装造型各异、风格无限。

在表现游离型服装的时候，其轮廓与结构线条基本上体现服装本身的游离状态，仅在与人体接触的部位会适当随人体结构来运行。而且为了表现游离型服装的生动感，需要适当考虑服装的动感或者造型感。

图3-20　**自然游离型服装**　　　　图3-21　**硬挺游离型**

# 3.3 怎样画衣纹与衣褶

第1章 什么是时装画

第2章 怎样画人体

第3章 怎样给人体着装

第4章 怎样给时装画着色

第5章 怎样画时装款式图

第6章 时装画综合表现技法赏析

为了使服装看上去更像穿在身上的样子，我们还需要掌握衣纹以及衣褶的画法。对于绘制服装效果图来讲，衣纹和衣褶的表现是非常重要的。因为衣纹和衣褶是表现服装结构、服装款式变化、服装面料质感和服装里面的内在的结构最为直接的表现形式。

表现衣纹和衣褶要考虑人体结构、衣服的款式和结构、线描的应用，因为人体的起伏变化使衣纹和衣褶产生相对应的变化，而且服装的款式和结构不同也会影响衣纹和衣褶表现。这些内容都要通过线描来表现，要注意线描的粗细变化、虚实关系和线描的各种表现形式等，以表现最合适的衣纹与衣褶。

衣纹和衣褶的表现与面料质感有很大的关系。柔软的面料，衣服产生的褶皱就多，线条很密集，而且柔软；硬挺的面料，衣服产生的褶皱就少，线条很疏散，而且很硬。因面料的差异，衣纹和衣褶表现出来的效果会完全不一样。

由此可见，掌握好服装穿在人体上的各种褶皱变化规律，对于画好时装画是非常重要的，衣纹的优美表现，既可以增强时装画的自然真实感，又能够增加画面的韵律生动感。

## 3.3.1 画衣纹的原则

时装效果图不同于其他类型的绘画，是需要综合考虑审美性和功能性的比较特殊的一种绘画形式，因而其中服装衣纹的表现原则也有其特点，主要有以下三大原则。

（1）真实原则

在时装画中，所谓的真实并不是说完全按照现实中的服装褶皱来画，那样的话既费时费力，效果也不会好。而是应当做到符合衣纹的形成规律，画面具有可信度即可，并且能在一定程度上体现服装的质感、厚度，同时又能够反映人体的形态和动态。

例如图3-22中的衣纹线条既十分具有真实感，又非常适合表现轻薄真丝雪纺类的飘逸礼服；而如图3-23中的衣纹线条则较能够体现毛呢面料厚实柔软的质感，两图都体现了服装在身上穿着的效果。

（2）简练原则

现实中的服装会产生大量的衣纹线条，其中大部分不但会影响视觉效果，还会干扰到服装最重要的结构表达，这时只有对其进行取舍，剔除多余的线条，用简练优美的线条表

现衣纹，才能体现时装画所特有的美感和功能性的作用（如图3-24和图3-25所示）。

在以上两幅时装画中，可以清晰地看见服装的领型、口袋、分割线、袖口等结构的线条，而衣纹只是非常简练地出现在胸部、臂弯、膝盖前后等处，以示人体的转折，体现服装的自然效果。

图3-22　丝绸飘逸的衣纹　　　　图3-23　毛呢柔软的衣纹

（3）变化原则

时装画艺术需要充分展现线条的魅力才能感染观者，而衣纹线条恰好是可以利用来使画面更具特殊的动感和韵律的线条部分。画时装画的时候，要学会在一定程度上超脱于现实，为强化时装的感染力来表现衣纹线条。

如图3-26所示是一幅款式比较简单的衬衣和长裤的效果图，设计师手中生动活泼、挥洒自如的衣纹线条为这幅时装画增色不少；再如图3-27所示，现实中并不时时都有风，但在时装画里就可以衣裙当风、长发飞舞，从而使服装充满妩媚、轻盈的视觉效果。

图3-24　简练的衣纹线条（一）　　　　图3-25　简练的衣纹线条（二）

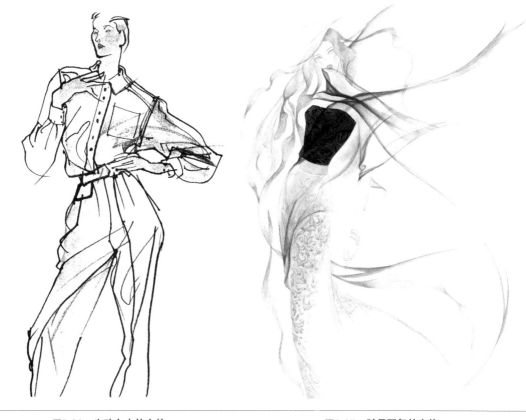

第 1 章　什么是时装画

第 2 章　怎样画人体

第 3 章　怎样给人体着装

第 4 章　怎样给时装画着色

第 5 章　怎样画时装款式图

第 6 章　时装画综合表现技法赏析

图3-26　生动自由的衣纹　　　　　　　　　　　图3-27　随风飘舞的衣纹

### 3.3.2　衣纹的类型

　　衣纹是指着装人体由于运动而引起的衣服表面的衣褶变化，这些变化直接反映人体各个部位的形态及其运动幅度。衣纹的产生一般有两种情况：一种是由于人体的运动使衣服的某些部分出现余量，这些多余的部分堆积起来就产生衣纹，这种衣纹多出现在胸部、腰部和臀部；另一种是人体各个关节处在活动时衣料被不同方向地抻拉后所产生的衣纹，这种衣纹常常是紧贴身体的某些部位，较为密集和明显。因而，服装中的衣纹由于产生的原因就分为折叠型和牵引型两种表现形式。

（1）折叠型衣纹

　　折叠型衣纹一般出现在关节弯曲的内侧，如肘关节处、膝关节处，由于服装余量的堆叠而产生，因此具有折叠状的视觉效果。服装局部的面料在受到挤压的地方形成的纹路往往类似"回"字纹，线条与线条之间笔断意连，有像来龙去脉的韵律感，线条接近于平行线，如图3-28所示。

（2）牵引型衣纹

　　牵引型衣纹是由于人体的运动、扭曲等使两个受力点之间的衣服产生牵拉所引起的，

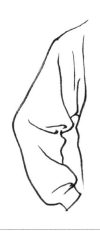

图3-28　**折叠型衣纹**　　　　图3-29　**牵引型衣纹**　　　　图3-30　**肢体有扭转的**　　　图3-31　**肢体有扭转的**
　　　　　　　　　　　　　　　　　　　　　　　　　　　　　　　**衣纹（一）**　　　　　　　　**衣纹（二）**

如胸部、腰部、髋部等处，常出现线型较直的牵引状衣纹。而在受到拉伸紧贴肢体的地方，纹路一般呈放射状分布，如图3-29所示。

当肢体因扭转而引起衣纹线条变化的时候，牵引型衣纹是表现人体动态的很重要的要素，如图3-30和图3-31所示。

除了衣纹，我们还需要掌握衣褶的画法，衣褶和衣纹是有所区别的，衣纹是自然产生的，衣褶是人为创造而产生的。常见的有活褶（无规律的褶），即用绳带或其他手段抽系、折叠而形成的一些灵活多变的衣褶；死褶（有规律的褶），即运用服装工艺手段制成的整齐规则的衣褶，如百褶裙的裙褶等。

### 3.3.3　画衣纹的技巧

除了掌握画衣纹的原则和两种基本类型以外，还需要大量练习画衣纹的技巧，主要需掌握几个要点。

#### 3.3.3.1　虚实的技巧

一般来说，贴体的部分为实处，可体现出人物的形体，如肩部、肘部、膝部等处，用线要清晰有力，尽量一笔到位，体现出画作中比较有骨气的部分。

远离身体的服装线条为虚处，一般体现服装的轮廓和动势，如衣摆、裙摆、裤腿和袖口等处，用线可以柔弱轻浮，也可多用线条，从而表现时装画丰富的变化和韵味，如图3-32和图3-33所示。

在上述的两幅范例中，设计师就是运用了虚实的线条技法，将时装画中的姿态、时装、画韵都通过非常简练和挥洒自如的手法呈现在笔端，令画面虚实有度、生动传神。

零起点学时装画手绘技法

| 图3-32 | **虚实的用线技巧（一）** | 图3-33 | **虚实的用线技巧（二）** |

第**1**章　什么是时装画

第**2**章　怎样画人体

第**3**章　怎样给人体着装

第**4**章　怎样给时装画着色

第**5**章　怎样画时装款式图

第**6**章　时装画综合表现技法赏析

　　总之，虚实是相对而言的，较浓的线即是实，较浅的线则是虚；较肯定的线即是实，较含糊的线则是虚；较致密的线即是实，较稀疏的线则是虚；较硬朗的线即是实，较柔美的线则是虚……有了虚实的变化，时装画才能更引人入胜，更富表现力，而时装画的本质目标就是表现时装的魅力，画面效果不感人，时装就更不能打动人。

### 3.3.3.2　光影的技巧

　　时装画里所说的光影技巧，不同于素描通过线条来塑造物体的立体感、空间感和体积感的方法，时装画的光影技巧更像是使画面显得既简洁又通透，还有一定的体量感和真实感的简便有效的窍门。

　　首先要想象人物及服装在一个侧面的光源照射下，具有受光和背光两个大的块面。受光面少用线，多留白，画上去的线条尽量细点或疏点；而背光面则可多画线，线条可以粗点，亦可概括成面；最重要的部分是明暗交接线，可适当强调明暗交界线上丰富的结构线条变化，以强化时装画的体块感、空间感。此外还有阴影的表现，添加投影会增强画面的对比度，阴影越深，会使光线感越强，也更有利于塑造立体感。

　　在如图3-34和图3-35所示的两个范例中，设计师虽然使用了两种不同的工具，炭笔和美工钢笔，但是都运用了光影的技法。图3-34用较宽的笔调塑造了暗部和投影的块面，令

图3-34  光影的表现技巧（一）          图3-35  光影的表现技巧（二）

画面明暗对比强烈而透亮，衣纹线条成为阴影的一个部分。图3-35用线条的疏密对比，在亮部较少用线，而暗部则细密地用线的排列塑造出来，由此塑造出柔和的光影效果，衣纹也成为暗部的一种塑造要素。

### 3.3.3.3　概括的技巧

时装画讲求简洁，要学会多使用直线来概括形体，尤其是服装的块面，如袖、裙和裤等。在确定了服装的长宽比之后，就要画出其各个部分和部件的基本形。概括基本形的一般画法是以较长的直线画出大的转折关系，使描绘对象呈几何形组合形状，它能反映对象基本的形态构造关系。在进行基本形概括时，要注意直线与直线的相互长度比例关系，以及各直线的倾斜角度与对象的吻合程度。衣纹则主要成为各块面之间衔接的转折表达，以及立体关系的表现。

在图3-36和3-37中可以看到，设计师将非常复杂的服装以及人体曲线规整和概括到近似方直的几何形态中，并将它们构成为非常悦目的组合关系，既体现了服装的细节和造型，又概括出相当简洁的廓型和光影效果，而衣纹在此之间起到了非常自然的转换作用，如胸部、臂弯和腿根等处，这种概括的技巧不失为一种风格独特的变形处理手法。

图3-36　概括的技巧（一）　　　　　　图3-37　概括的技巧（二）

第1章　什么是时装画

第2章　怎样画人体

第3章　怎样给人体着装

第4章　怎样给时装画着色

第5章　怎样画时装款式图

第6章　时装画综合表现技法赏析

### 3.3.4　不同的衣纹表现手法

衣纹也是表现服装的材料和质地的重要途径之一，比如衣服宽松、质地柔软的衣纹较多，材质较硬、较窄的衣服褶皱则较少；棉质服装的衣纹有较多生脆的褶皱，麻料服装的褶皱多而短促，丝质服装的衣纹柔顺而绵长，毛质服装的衣纹较少且粗软。总之，较薄的面料比较厚的料子形成的衣纹更加细碎。

例如，画裙子时，先得确定裙子的质地、厚薄，如果是丝绸一类较软的衣料，线条应该柔和且较多；牛仔裙可以尽管减少纹路，线条硬朗。普通的裙子，线条可硬可软，和别的衣纹画法一样，线条从绷紧的地方呈放射状画出，折叠的地方线条平行。

在图3-38的连衣裙范例中，笔者将粗花呢质地的连衣裙大身和轻薄绢纱材质的抽褶装饰外裙的质感，通过衣纹的表现明确地传达了出来，同时也将皮带的质地加以体现。

而在图3-39的连衣裙范例中，连衣裙大身的丝绸质感也通过柔顺的衣纹传达给了观者，与此同时，装饰线和结构线上的衣纹线条还表现了抽碎褶的折叠花边的质感，令该款时装的材质感觉一目了然。

再看图3-40和图3-41中的衣纹，表现了皮革材质在打褶后所产生的独特衣纹效果，既

图3-38　毛呢和绢纱质地的衣纹

图3-39　丝绸质地的裙身与折叠花边的衣纹

柔软又有骨感，不像丝绸面料般纤细和密集，也不似毛呢面料般厚重和粗腻。

　　图3-42所表现的衣纹是毛皮一体的服装所呈现的视觉效果。而图3-43中的棉质连衣裙上的网状钉珠打褶的衣纹也是别具一格的，另外还有因荷叶边的装饰而产生的衣纹线条。

　　综上所述，由于服装材料的丰富多样性，不仅有棉、麻、丝、毛，还有各种人造纤维面料和皮草等，因此关于衣纹质感的表现并没有特定的规矩可循，关键在于你所运用的笔

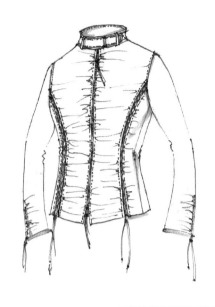

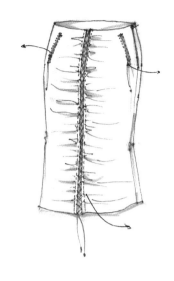

图3-40　皮革质地的衣纹（一）　　　图3-41　皮革质地的衣纹（二）

图3-42　毛皮一体的衣纹表现　　　图3-43　棉质面料的衣纹表现

法可以让观者迅速感受到服装材质的特征。这就需要通过大量的练习来掌握一些有规律的
技法，平时可以先参照各种服装衣纹写生，观察褶皱与被覆盖物体间的关系，多看多画多
比较，看哪一种画法更好，记下来，把经常用到的衣纹总结成自己的衣纹画法库，到使用
时根据实际情况再加以变化，就产生了新的衣纹效果。

第1章　什么是时装画

第2章　怎样画人体

第3章　怎样给人体着装

第4章　怎样给时装画着色

第5章　怎样画时装款式图

第6章　时装画综合表现技法赏析

# 怎样给人体画上服装

经过前面的技法介绍和练习后，现在要进入时装画的关键环节——给人体画上服装。前面学习的人体的画法、姿态的选择、服装与人体的关系以及衣纹和衣褶的画法等，最终都是为画好服装而服务的。

对于初学时装画的读者来说，切忌跳过画人体的步骤，而直接将选择好的人物动态与服装款式整体加以表现，必须分步骤操作，先画出人体动态，之后再将现有的或设计好的服装款式穿画到人体动态上。

这种做法对于造型能力较弱者而言相对容易掌握，只要人体动态表现基本正确，就不会出现严重的错误。因为当人体被服装遮蔽的时候，尤其在那些服装因人体动态而出现褶皱的部位，如果是对人体结构、动态不了解，则往往会被这些表面迷惑，因此即便是画出了服装效果图，也会出现这样或那样的人体结构、比例等常见错误问题。

## 3.4.1 着装的步骤

着装人体就是在具象人体上"穿"各种款式和各种面料的服装。服装穿在人体上要注意人体的支撑点、支撑线、动态，衣纹与衣褶的运用，服装的款式变化和不同的面料质感，线条的运用等多方面综合内容。给人体着装的具体步骤如下。

（1）画出人体动态

根据服装人体绘画的具象人体表现方法和步骤画出具像人体，这一点在第2章的内容中应该已经详细介绍了，此处不再赘述。

（2）确定服装的整体造型

在人体基础上，用虚线确定服装在人体上的大型和比例，如A形、H形或X形，上衣与裙或裤的比例关系，等等。这一步骤在进行时装设计的时候尤为重要，因为必须首先确定服装的大体造型和搭配关系，才能够进行后面的细节设计工作。

（3）确定服装具体的款式

所谓的服装款式是指服装的式样，通常指服装的形状因素，是服装造型要素中最重要的一个内容。如：T恤衫、衬衫、背心、吊带衫、西装、夹克、裙子、连衣裙、裤子、风衣、大衣等。每种款式都有起相对固定的结构、部件和体量等，尤其是在成衣设计中显得尤为重要。

（4）确定面料的质感

相同的款式，由于面料的不同，所呈现的服装效果大相径庭。在确定了款式后，还要确定将采用什么样的面料，比如是柔软型面料、挺爽型面料、光泽型面料、厚重型面料、透明型面料还是印花面料，等等。这一步骤的要点我们将在下一小节详述。

（5）细节描绘

在确定服装款式和面料质感之后，再画领子、门襟、省道、口袋等。我们可以先定出细节的准确位置和基本形，再进行深入刻画，最后检查、调整画面，擦去多余的线条。

如果严格按照从第（1）步到第（5）步的步骤完成，就可以比较精确地给人体穿上服装了（如图3-44和图3-45所示）。

（6）着色渲染与勾勒

为了体现最终的时装效果，我们还需要进行着色渲染，这个环节会在第4章详述，这里为了时装效果图的完整性仅做示范（如图3-46所示）。需要注意的是，时装效果图的表现不同于时装插画，时装效果图更重视服装结构的说明，因而勾线步骤非常重要，尤其不能因为着色而掩盖了需要表达的结构线条，也不能将结构线与衣纹线相混，反之，为了更清晰地表达结构线，必要时可以采用留白和烘托的处理手法；而时装插画则主要为了表现时尚艺术的感染力而忽视线条，甚至不需要勾勒线条。

图3-44　**先画好人体姿态**　　图3-45　**着好装的人体**

图3-46　**着色后完整的效果图**

第1章　什么是时装画

第2章　怎样画人体

第3章　怎样给人体着装

第4章　怎样给时装画着色

第5章　怎样画时装款式图

第6章　时装画综合表现技法赏析

### 3.4.2 各种款式、面料在着装人体中的表现

基于前面所说的步骤和要点，将理论知识灵活运用，表现出各种动态、不同面料和款式的着装人体是画好时装画的关键。根据面料与款式的不同，着装的效果将风格迥异，以下按照面料性能及相应款式，对典型的案例加以示范和介绍。

（1）柔软型面料的款式表现

柔软型面料一般较为轻薄、悬垂感好，造型线条光滑，服装轮廓自然舒展。柔软型面料主要包括织物结构疏散的针织面料和丝绸面料，以及软薄的麻纱面料，等等。柔软的针织面料常采用直线型简练造型体现人体的优美曲线；丝绸、麻纱等面料则多见于松散型和有褶裥效果的造型，表现面料线条的流动感。

着装时承受重量的服装部分紧贴人体，其余的部分自然下垂而且圆转，如图3-47中描绘上衣荡领时所用的线条，图3-48中绘制衬衣长袖的袖山和袖口的部分以及鱼尾中裙的裙摆部分；并且因为面料的柔顺性会产生许多细长而柔顺的衣纹线条；而在袖肘、腿弯等转折部分的折叠型衣纹线条也比较柔软，呈S形造型。

（2）挺爽型面料的款式表现

挺爽型面料款式的线条要清晰而有体量感，能形成丰满的服装轮廓。常见有棉布、涤棉布、灯芯绒、亚麻布和各种中厚型的毛料和化纤织物等，该类面料可用于突出服装造型精确性的设计中，例如西服、套装等款式。

着装时承受重量的服装部分比较挺拔地贴合人体，其余的部分体现服装的自身造型，如图3-49中的西装身型、袖型和裙型，以及图3-50中的短袖衬衫式连衣裙的身型和袖型；并且由于服装与人体的转动和拉伸而产生许多比

图3-47　**柔软型面料的款式表现（一）**　　图3-48　**柔软型面料的款式表现（二）**

图3-49　**挺爽型面料款式的表现（一）**　　图3-50　**挺爽型面料款式的表现（二）**

零起点学时装画手绘技法

较硬挺的牵引型衣纹线条；而在袖肘、腿弯等转折部分的折叠型衣纹线条也比较硬朗，呈Z形造型；领型、袋口、门襟等细节线条同样十分鲜明有力。

（3）光泽型面料的款式表现

光泽型面料表面光滑并能反射出亮光，有熠熠生辉之感。这类面料包括缎纹结构的织物，最常用于晚礼服或舞台表演服中，产生一种华丽耀眼的强烈视觉效果。光泽型面料在礼服的表演中造型自由度很广，可有简洁的设计或较为夸张的造型方式。

光泽型面料在着装时往往有比较大的体量反差，既有非常紧贴人体的部分，如胸部、腰部和髋部等，又有游离于人体之外的大体量的部分，如裙摆，用于要体现服装的设计造型，如图3-51中的垂荡裙型和图3-52中撑起的裙身；并且仅用线条很难表现具有光泽的面料质感（通常需要在着色时体现），但可通过比较细密的衣纹线条增强其质感；而在袖肘、腿弯等转折部分的折叠型衣纹线条也比较细密，呈平形回纹造型；另外，还有用于装饰的衣褶线条，如定型褶、自然褶、细褶和裥等细节线条，同样需要着重表现。

（4）透明型面料的款式表现

透明型面料质地轻薄而通透，具有优雅而神秘的艺术效果，包括棉、丝、化纤织物等，例如乔其纱、缎条绢、化纤的蕾丝等。为了表现面料的透明度，常用线条自然丰满、富于变化的H形和圆台形设计造型，并且可以适当表现透露的人体线条。

着装时所绘服装线条往往与人体线条相互掩映，体现其通透的视觉效果，其余没有透露的部分则体现服装的自身造型，如图3-53中的连衣裙身，以及图3-54中的抹胸部分和裙

图3-51　光泽型面料的款式表现（一）　　图3-52　光泽型面料的款式表现（二）　　图3-53　透明型面料的款式表现（一）　　图3-54　透明型面料的款式表现（二）

第1章　什么是时装画

第2章　怎样画人体

第3章　怎样给人体着装

第4章　怎样给时装画着色

第5章　怎样画时装款式图

第6章　时装画综合表现技法赏析

图3-55　**厚重型面料的款式表现（一）**　　图3-56　**厚重型面料的款式表现（二）**

摆部分；并且此类面料所产生的衣纹线条较柔脆，应当处理得刚柔并济；而在袖肘、腿弯等转折部分的折叠型衣纹线条则比较柔顺，呈S形造型；在蕾丝等装饰图案丰富的地方，需要适当细致地表现各种纹样，并保留所透出的人体线条来。

（5）厚重型面料的款式表现

　　厚重型面料厚实挺括，能产生稳定的造型效果，包括各类卡其、牛仔面料、厚型呢绒和绗缝织物。其面料具有形体扩张感，不宜过多表现褶裥和堆积，在效果图中以A形和H形造型最为恰当。

　　着装时所绘服装线条有粗犷的感觉，体现其质地厚重的视觉效果，如图3-55中的卡其短裤，以及图3-56中的毛呢裙身；此类面料所产生的衣纹线条较柔和，应当处理得有重量感；而在袖肘、腿弯等转折部分的折叠型衣纹线条则比较顺直，或呈钩形造型。

　　总之，不同型式服装的表现，其表现方法和步骤基本相同，差别主要体现在款式、面料、结构和细节上。无论何种款式和面料，表现时都应先考虑服装款式与人体的关系，画其大型和大的比例关系，再画细节。只有灵活运用各种动态、不同面料和款式，才会产生多姿多彩的着装人体，这是画好时装画必须掌握的内容。再者，着装人体是为设计服务的，设计师需要通过它表现服装设计的灵魂和精髓。

# 3.5 怎样画服饰配件

第 1 章 什么是时装画

第 2 章 怎样画人体

第 3 章 怎样给人体着装

第 4 章 怎样给时装画着色

第 5 章 怎样画时装款式图

第 6 章 时装画综合表现技法赏析

　　服饰配件与服装有着密不可分的关系，饰品可以对服装没有覆盖的人体部位进行装饰，也可用来装饰服装本身，两者共同构成了装饰人体的服饰系统。

　　如今传统的服饰设计教育中比较重视的是对服装设计方向的人才培养，全国各地服装设计专业的高等美术院系比比皆是。然而，针对饰品行业所急需的人才培养的专业却寥寥无几，服饰配件设计就像是从属于服装的一个次要部分，并未得到社会和教育界的足够关注。其实，饰品设计与服装设计一样，都是同等重要的服饰设计的内容。各自都有着完全不同的工艺、材料与制作体系，都需要接受长期的教育与训练才能适应市场要求，并且都有着广阔的社会需求和发展前景。而且，对于一名服装设计师而言，掌握对饰品的选择、搭配和设计也是十分有益的。所以，应当以同等的态度对待饰品设计的基础学习，而这里所讲的服饰配件的表现技法便是其中一个重要的组成部分。

　　本节将介绍运用一些立体结构图的方法来画服饰配件。所谓的结构图表现，其实就是运用带有透视的图形来表现饰品的立体造型的方法，所以关于绘画透视的基础知识将十分有用。除此以外，饰品的表现与服装的表现技法也存在着一些差异。饰品不同于服装之处就在于，其大多数的品类都有着硬性的固定形态，如礼帽、戒指、鞋子等都不可折叠或平置，不像服装多为软性的非固定形态，可以折叠。即使某些由比较软性的材料制成的饰品，也不容易使用平面图的方法来表现其特定的结构，如包袋、鞋、袜等。所以，有必要通过类似工业设计中结构素描的表现方法来诠释设计构思和空间构造。此外，服饰配件所用到的材料相对于服装而言要宽泛很多，如金属、塑料、羽毛、木材、假发等，不胜枚举。所以，对于各种不同材质的质感的表达也是表现技法中的重要一环。

　　表现服饰配件的时候可以附带头部、颈部和手脚等人体的部分造型，但不要过于细致，避免喧宾夺主。可以先用铅笔打草稿，然后用针管笔或勾线笔白描，再用马克笔、色粉笔或水彩等上色，并同时注意表现不同饰品的立体感和质感，体现服饰配件的独特视觉效果。

## 3.5.1　头饰

　　头饰是指戴在头上的装饰品，头饰不同于首饰，主要指帽子和发饰。帽子确切地是指由帽墙（帽围）和帽檐构成的部分，也包含了无帽檐、无边帽等，而且当今的头饰物品呈

图3-57 呢质软帽　　　　图3-58 麂皮鸭舌帽　　　　图3-59 大檐草帽

图3-60 缎面礼帽　　　　图3-61 软呢贝雷帽　　　　图3-62 牛仔户外帽

现出男女通用的中性化趋势。

　　帽子按照用途分为礼仪、日常、运动、休闲、作业等，常见的种类包括礼帽、钟形帽、遮阳帽、大盖帽、水手帽、鸭舌帽、贝雷帽等，其形态、材质的类型各不相同，如图3-57～图3-62所示。

　　帽子通常使用皮革、帆布、牛仔、针织、丝、麻、草、绢等作为表面材料，表现帽子的时候必须注意各种不同制作材质和软硬程度，要区别对待，另外还需注意附件等装饰品的细节处理。

　　表现帽子结构的关键在于对帽墙和帽檐结构的理解和表现。帽墙可以归纳为半球形、圆柱形、钟形和自由形等造型；帽檐也可以归纳为盘形、扇形和鸭舌形等。各个细部结构必须说明清楚，各种不同材料的质感表现也非常重要。

　　发饰就是装饰头发的饰品，主要包括发带、头花、发卡等。当然，现代时尚舞台中所展示的发饰早已超越了仅对头发的装饰，进而扩展到对整个头部的装饰，达到了呼应服装的效果。所以发饰与帽子的作用不相上下，早已融为了一体（如图3-63～图3-65所示）。

　　在表现头饰的时候往往需要表现一下头型、头发和颈部的大体轮廓，进而衬托和演示头饰与头部的姿态和穿戴方式，脸部则可以相对简略一些。

图3-63 图3-64
图3-65

图3-63 **甜点装的发带**
图3-64 **仿真的头花**
图3-65 **蛇形和羽毛形的头饰**

## 3.5.2 首饰

　　首饰不同于头饰，主要是指耳环、项链、戒指、手镯、手链、胸针等人体装饰品，可以装饰头部，也可以装饰其他任何部分。首饰的材质也相当丰富，包括金、银、铂、钻石、水晶、珍珠、玉石、塑料，等等，尤其是现代创意首饰的用材更是不胜枚举。不论是坠子还是链子，表现的首饰一定要注重刻画细部结构的精巧，这样才能体现首饰的精致与贵气（如图3-66和图3-67所示）。

　　要掌握首饰的画法，除了要把握好各种不同首饰的准确结构及其立体效果以外，还必须掌握线条和用笔的丰富表现力。也就是说，不能像画素描一样地死抠物体，而是要追求神似，做到用尽量少的用笔来表现最多的内容和质感，利用好留白效果、明暗对比等

图3-66 **钻石戒指的画法**

图3-67 **宝石项链的画法**

第1章 什么是时装画

第2章 怎样画人体

第3章 怎样给人体着装

第4章 怎样给时装画着色

第5章 怎样画时装款式图

第6章 时装画综合表现技法赏析

图3-68　成套的宝石耳坠与项链的画法　　　　　图3-69　各种造型与材质的手链画法

图3-70　各种不同材质和造型的项链及其坠饰画法　　　图3-71　结合人体的首饰的画法

表现技法，点到即止（如图3-68～图3-70所示）。

　　首饰既可以单独表现，也可以结合人体各个穿戴部位来展示，就如图3-71所示耳坠的图例示范那样，这种表现方式具有较强的感染力。除了手绘以外，也可以借助电脑表现，在着色后辅助加强表现力。

### 3.5.3 腰饰

所谓的腰饰是指腰部的装饰品，包括腰带、腰链、方巾等。现代腰饰已经成为体现女性品味和男性身价的重要服饰部件之一。通常是由皮革、金属、丝麻织物以及附件制成，当然也有使用其他特殊材质制造的。工艺方式主要有编制、拷花、镂刻等，种类也很丰富。

腰饰的表现与首饰的表现技法相似，同样要注意对质感和结构等的表达，以及线条的表现力，用笔要挥洒自如。一般在表现腰饰时可以通过人体或服装陪衬说明其佩戴的方式和效果。腰带头的装饰物往往是整个装饰的重点所在，常有金、银等电镀色，而腰带的大多变化在于材质和构造上。

由于腰饰所在的位置与人体腰部的位置可以是一致的，也可以稍高一点或者低一些（称为高腰和低腰），而且腰饰大多与服装相互结合，所以在表现腰饰的时候经常需要同时表现一部分的人体和服装，来展现设计的腰饰所在的人体位置以及与服装的关系。另外，还需要注意，展示的重点在于腰饰，无需将过多笔墨用在人体和服装上，如图3-72和图3-73所演示的6种不同腰饰所示。

### 3.5.4 手套与鞋子

手套和鞋子是服装的重要配套饰品，基本根据人体中手和脚的造型来设计和制作。

手套的防护功能作用较大，而造型变化和装饰作用较小，基本根据手的造型来设计表现。手套有五指、半指、无指和连指等类型，长度也从腕部以下到肘部以上不等。材质基本有皮草、针织、蕾丝和羽绒等。结构

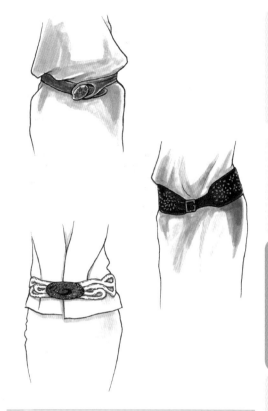

图3-72　几种不同材质和造型的腰饰画法（一）

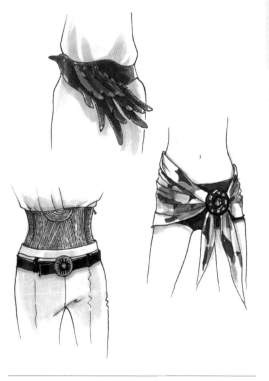

图3-73　几种不同材质和造型的腰饰画法（二）

第1章　什么是时装画
第2章　怎样画人体
第3章　怎样给人体着装
第4章　怎样给时装画着色
第5章　怎样画时装款式图
第6章　时装画综合表现技法赏析

图3-74 平面与立体的手套画法

图3-75 低跟拖鞋的画法

图3-76 高跟凉鞋的画法（一）

图3-77 高跟凉鞋的画法（二）

图3-78 中跟船鞋的画法

图3-79 高帮皮靴的画法

图3-80 高帮毛皮靴的画法

基本由手掌面、手背面和侧缘面组成。由于其穿着的季节、场合限制和较强的功能性，因此削弱了装饰的效果。如图3-74所示为平面与立体的手套画法。

而鞋子同服装所保持的紧密协调关系就比手套好很多，而且会随环境和流行等因素的变化而有所不同，在素材、色彩、样式上差异也较大。鞋子的装饰作用和服饰配套作用早已超越了其功能性，已经逐渐成为饰品中不可或缺的重要组成部分。

鞋子是几种脚上穿用品类型的统称，包括脚踝以下的鞋，脚踝以上的靴，脚面裸露、用绳或带系结的凉鞋，以及不用系带直接穿的拖鞋等。鞋子的基本造型帖服于人体脚部造型的起伏，结构却有千变万化，最基本的组成部分是鞋帮、鞋底、鞋跟和附件等。由于皮革的耐磨、透气、柔韧性能强，所以是最主要的用材。另外也有用木材、帆布、塑料、金属等多种材料和多种工艺制成的鞋子，需要表现出各种结构和材质的感觉。如图3-75～图3-78为几种鞋子的画法。

在表现手套和鞋子的时候都要注意符合人体的基本造型，运用结构方式来展示整体和细部的构造，选择具有美感的姿态来强调其装饰作用，既可以单独表现，也可以结合人体和服装作为陪衬，如图3-79～图3-84所示。可以参考图例中不同类型和质地的鞋类饰品的结

图3-81　结合脚的坡跟凉鞋画法　图3-82　结合脚的高跟　图3-83　结合脚的羽毛凉鞋画法　图3-84　结合脚的帆
　　　　　　　　　　　　　　　　　　　凉鞋画法　　　　　　　　　　　　　　　　　　　　布凉鞋画法

构图表现，特别要注意不同结构和材质的鞋子在用色上的选择。

## 3.5.5　包袋与其他

包袋也是服饰配件的一个重要组成部分。包袋的类型有手提包、挎包、双肩包、挟携式、脚轮式等多种样式。现在，伴随着流行的多样化，包袋已成为极为重要的装饰用品。

从结构上看，包袋最基本的主体由前片、后片、包墙和底构成，有些还会配上包盖、包带和附件等。包袋的开口部位很有讲究，有带架子口、带盖、上拉链、系绳带以及敞开等许多变化。但是无论如何变化，都需要表现出各部分之间立体空间的相互关系。

图3-85　女式拎包的画法（一）

如图3-85、图3-86所示的范例中，可以看到设计师对于包体的立体感、细部结构构造和材质感的表现。包袋都有一定的体量，形态上也有立方形、橘瓣形、圆柱形和自由形等，表现时先确定好大体造型，再从细节入手。

五花八门的材料在当今的包袋制作中也随处可见。从皮草到塑料，从织物到草编，再从软体材料到坚硬材料等，应有尽有。由于包袋与人体的贴合不是十分密切，所以大多可以单独表现。包袋有其自身的支撑结构，因此在设计造型的时候更应该表现出各自独特的空

图3-86　女式拎包的画法（二）

第1章　什么是时装画

第2章　怎样画人体

第3章　怎样给人体着装

第4章　怎样给时装画着色

第5章　怎样画时装款式图

第6章　时装画综合表现技法赏析

图3-87　女式拎包的画法（三）　　图3-88　女式拎包的画法（四）　　图3-89　男士背包的画法　　图3-90　结合手部的钱包画法

间体量。即便是由软质材料制成的包袋，也要体现充填后的效果。切忌画得像一层薄片。这需要运用适当的光影明暗的效果来制造，但也不宜过多，说明问题即可，如图3-87～图3-89所示。同样，也可以结合人体部分与服装来表现包袋的造型与结构，以达到更加生动的效果，如图3-90所示。

当今的服装饰品行业飞速发展，用作饰品的物品也数不胜数。眼镜、手表、围巾、阳伞，还有手机、耳机等电子和数码产品，以及护腕、护膝等运动器材等，一些原本专用的功能性用品也已经纳入了时尚饰品的范畴，成为流行舞台上不可或缺的一个组成部分。如图3-91所示为各种眼镜的画法。

服饰配件的种类是如此的丰富多彩，还会随着流行趋势、新工艺和新材质的发展而变化。通过本节的学习，可以理解饰品的材质、制作工艺及其结构是表现服饰配件结构图的关键。平时要多留意生活中无处不在的饰品实物和图片，不断地积累、理解五花八门的饰品中的各种样式，尽可能地尝试表现它们的构造和材质。如果能够试着制作一些简单的饰品实样，将会更为深入透彻地理解各种饰品。掌握绘制服饰配件的基本技法和规律，就能轻松自如地表现出你想要的饰品效果，更好地搭配服装。

图3-91　各种眼镜的画法

零起点学时装画手绘技法

第**4**章

# 怎样给时装画
# 着色

- 了解色彩

- 怎样画面料

- 怎样给时装画上色

- 作品欣赏

# 4.1 了解色彩

在前面的章节中，我们主要学习的是时装画中造型的部分，包括人体的造型和服装的造型，以及两者造型的结合。应该说造型是时装画的骨架，是支撑时装画面的枝干部分。本章我们将要学习色彩，学会给时装画着色，这个部分更像是时装画的血肉，是生长在枝干上的花、叶和果实的部分，由此赋予时装画面以更加丰富的情感，更为逼真和动人的视觉效果。

色彩是通过眼、脑和我们的生活经验所产生的一种对光的视觉效应。我们肉眼所见到的光线是由波长范围很窄的电磁波产生的，不同波长的电磁波表现为不同的颜色，对色彩的辨认是肉眼受到电磁波辐射能刺激后所引起的一种视觉神经的感觉。人们也将事物反射光线而产生不同颜色的物理特性直接称为色彩。

人对颜色的感觉不仅仅由光的物理性质决定，还包含心理、感情等许多因素。比如：红色让人觉得活跃、热烈，有朝气；黄色使人感到明快和纯洁；而蓝色易使人产生清澈、超脱、远离世俗的感觉；紫色则具有优美高雅、雍容华贵的气度等。这就是关于色彩的感情因素，同样也是我们需要了解和应用的。

## 4.1.1 色彩的属性

### 4.1.1.1 色彩的三原色

色彩的三原色即红、黄、蓝（如图4-1所示）。三原色是组成各种色彩的基础色，我们也称这三个颜色为基色或一次色。

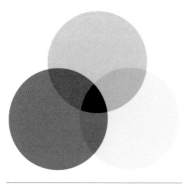

图4-1　色彩的三原色

一次色通过不同程度的混合就形成了二次色，如图4-2所示，中心正三角与外围色环之间的三个三角色块，分别是：黄+红=橙，黄+蓝=绿，蓝+红=紫。二次色也称为间色。二次色再混合形成三次色，即为复色，如图4-2的12色环中一次色与二次色之间的颜色，即原色与间色中间的颜色，分别是：黄橙、红橙、紫红、青紫、青绿、黄绿。以此类推，就形成了各式各样的颜色，如图4-3所示。

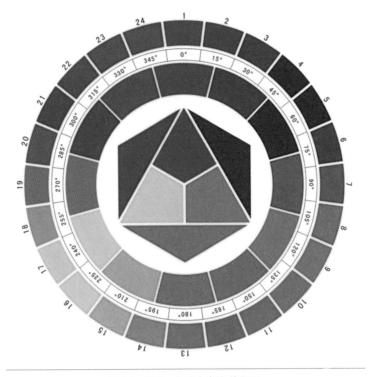

图4-2　原色、间色与复色的色环

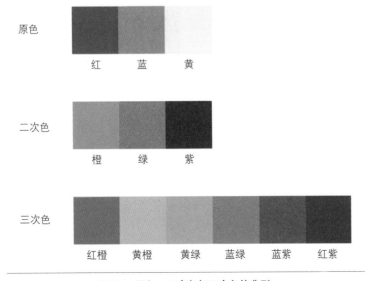

图4-3　原色、二次色与三次色的典型

第1章　什么是时装画
第2章　怎样画人体
第3章　怎样给人体着装
第4章　怎样给时装画着色
第5章　怎样画时装款式图
第6章　时装画综合表现技法赏析

### 4.1.1.2　色彩的三个基本属性

（1）色相

　　色相即红、橙、黄、绿、蓝、靛、紫。当然，也可以把它们分得更细一些，如图4-4中的色相环，左边的是12色相环，也可以是右边的24色相环，如果再细分下去可以说色相是无穷无尽的。在我们生活中到处可见各种颜色，每一种颜色就是一种色相，色相是颜色最主要的特征。

　　色彩还可以分为有彩色和无彩色，图4-4里色相环的色彩就属于有彩色。用三棱镜在太阳光下折射出的彩虹也是有彩色。而图4-5则是无彩色，无彩色就是白与黑以及中间不同程度的灰。在搭配时，无彩色可以和任一颜色搭配。

（2）明度

　　明度是指颜色的明暗程度，如图4-6所示，越靠顶端的颜色明度越高，越靠底部的颜色明度越低。其实某一个颜色的明度高低，是由这个颜色中所含无彩色的程度决定的。

　　在图4-6中，将相同的色相中所加入的灰色的比重逐渐增加，颜色的明度也有规律地逐渐降低。明度的有规律变化，可以引导观看者的视线流动，因此它是服装色彩构成的一种方法。

（3）纯度

　　纯度即色彩的纯净度，也可以理解为色彩的鲜艳程度。图4-7的横向是纯度推移，左边纯度高右边纯度低。色彩的纯度变化可以形象地理解为在有颜色的颜料中不断地加水稀释，水加得越多纯度越低。

　　如果把色彩的明度与纯度分别用纵向和横向有序排列的话，便可以很清楚地看出某

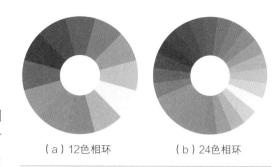

（a）12色相环　　　　（b）24色相环

图4-4　**色相环**

图4-5　**无彩色**

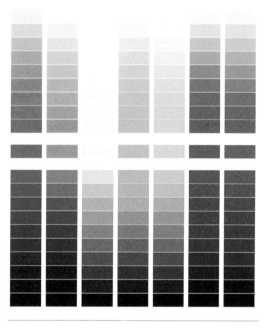

图4-6　**明度的变化图**

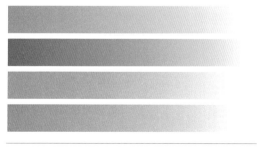

图4-7　**纯度的变化**

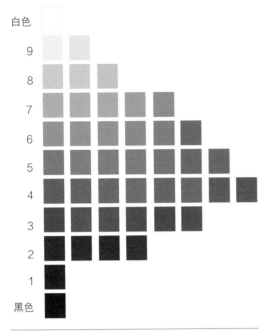

白色

9

8

7

6

5

4

3

2

1

黑色

图4-8　明度与纯度推移变化图（以红色为例）

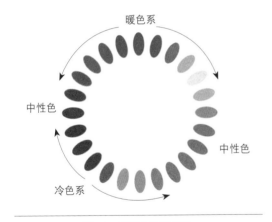

暖色系

中性色

中性色

冷色系

图4-9　**色彩的冷暖关系**

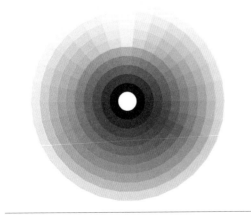

图4-10　**具有收缩感的色盘**

一色相的明度与纯度的变化。如图4-8所示，以红色为例，纵向从高到低明度依次降低，横向由左到右纯度依次变高。

### 4.1.1.3　色彩的冷暖

大千世界，色彩无穷无尽，不同的颜色会给人不同的感觉，按照色彩给我们的冷暖感觉，把色彩分为冷色、暖色和中性色。

在冷暖色之间还间隔着中性色，主要是紫色、偏绿的黄绿色以及无彩色，这些中性的色彩没有自己的冷暖感觉，把它们放到冷色系里面它就是偏冷的色系，放到暖色系里面就成了偏暖的色系，其中无彩色表现得最为突出（如图4-9所示）。

### 4.1.1.4　色彩的轻重和软硬

色彩的轻重感是由于不同的色彩刺激，而使人感觉事物或轻或重的一种心理感受。决定色彩轻重感觉的主要因素是明度，即明度高的色彩感觉轻，明度低的色彩感觉重。其次是纯度，在同明度、同色相条件下，纯度高的感觉轻，纯度低的感觉重。在所有色彩中，白色给人的感觉最轻，黑色给人的感觉最重。从色相方面看，暖色黄、橙、红给人的感觉轻，冷色蓝、蓝绿、蓝紫给人的感觉重。

色彩的软硬感觉为：凡感觉轻的色彩给人的感觉均为软而有膨胀感；凡是感觉重的色彩给人的感觉均硬而有收缩感。

在同一平面上，色彩的明度越低，感觉越重，且有收缩感（如图4-10所示）；色彩的明度越高感觉越轻，且有膨胀感（如图4-11所示）；暖色系的比冷色系的感觉轻，且相对有膨胀感（如图4-12所示）。

在时装画中，有时也运用色彩的轻重感觉来进行画面的构成，从而制造一种氛围或体现一种服装色彩构成的表达。

第1章　什么是时装画

第2章　怎样画人体

第3章　怎样给人体着装

第4章　怎样给时装画着色

第5章　怎样画时装款式图

第6章　时装画综合表现技法赏析

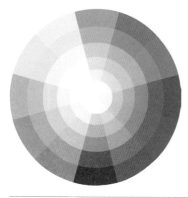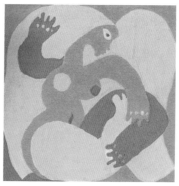

图4-11　具有膨胀感的色盘　　　　　　　　图4-12　暖色调与冷色调的感觉对比

## 4.1.2　色彩的运用

### 4.1.2.1　色彩的心理效应

色彩是一种神奇的东西，它是美丽而丰富的，能唤起人类的心灵感知。色彩代表了不同的情感，有着不同的象征含义。这些象征含义是人们思想交流当中的一个复杂问题，它因人的年龄、地域、时代、民族、阶层、经济能力、工作能力、教育水平、风俗习惯、宗教信仰、生活环境、性别差异而有所不同，在画时装画时要善于对色彩的情感特征加以合理应用。以下就对几种常用色彩加以举例说明。

（1）红色

视觉刺激强，让人觉得活跃、热烈，有朝气。在人们的观念中，红色往往与吉祥、好运、喜庆相联系，所以成为节日、庆祝活动的常用色。同时红色又易联想到血液和火炮，有一种生命感、跳动感，还会产生危险、恐怖的血腥气味的联想。以红色为主体的时装画如图4-13所示。

图4-13　以红色为主体的时装画

（2）黄色

黄色是明亮和娇美的颜色，有很强的光明感，使人感到明快和纯洁。幼嫩的植物往往呈淡黄色，又有新生、单纯、天真的联想，还可以让人想起极富营养的蛋黄、奶油及其他食品。黄色还与病弱有关，植物的衰败、枯萎也与黄色相关联。因此，黄色又使人感到空虚、贫乏和不健康。以黄色为主体的时装画如图4-14所示。

（3）橙色

橙色兼有红色与黄色的优点，明度柔和，使人感到温暖又明快。一些成熟的果实往往呈现橙色，富有营养的食品（面包、糕点）也多是橙色。因此，橙色又易引起营养、香甜的联想，是易于被人们所接受的颜色。在某些国家和地区，橙色还与欺诈、嫉妒有联系。以橙色为主体的服装如图4-15所示。

（4）蓝色

蓝色是极端的冷色，具有沉静和理智的特性，恰好与红色相对应。蓝色易产生清澈、超脱、远离世俗的感觉。深蓝色会滋生低沉、郁闷和神秘的感觉，也会产生陌生感、孤独感。而不为冷色极端的天蓝色会让人感到轻松。以蓝色为主体的时装画如图4-16所示。

图4-14　以黄色为主体的时装画

图4-15　以橙色为主体的时装画

第1章　什么是时装画
第2章　怎样画人体
第3章　怎样给人体着装
第4章　怎样给时装画着色
第5章　怎样画时装款式图
第6章　时装画综合表现技法赏析

### （5）绿色

绿色具有蓝色的沉静和黄色的明朗，又与大自然的生命相一致、相吻合，因此，它具有平衡人类心境的作用，是易于被接受的色彩。绿色又与某些尚未成熟的果实的颜色一致，因而会引起酸与苦涩的味觉。深绿色易产生低沉、消极、冷漠感。以绿色为主体的时装画如图4-17所示。

### （6）紫色

紫色具有优美高雅、雍容华贵的气度，既含有红色的个性，又有蓝色的特征。暗紫色会引起低沉、烦闷、神秘的感觉。粉紫色又会产生强烈的女性化感觉。以紫色为主体的时装画如图4-18所示。

### （7）黑色

黑色具有包容性和侵占性，可以衬托高贵的气质，也可以流露不可征服的霸气。以黑色为主体的时装画如图4-19所示。

另外，美国人的色彩意向微妙而有趣，他们每一个月都倾向一种颜色，一月灰色，二月藏青，三月银色，四月黄色，五月淡紫色，六月粉红色，七月蔚蓝色，八月深绿色，九月金黄色，十月茶色，十一月紫色，十二月红色。这些消费者的色彩心理引起了美国商界的高度重视。

#### 4.1.2.2　色彩的搭配

色彩搭配即两种或两种以上的颜色搭配在一起，使其变得融洽、顺眼。在设计表达方面，尤其是时装画，色彩搭配有着极大的用途。单个的颜色并没有实际的意义，而和不同的颜色搭配起来，就能使这个颜色所表现出来的效果的含义丰富起来。根据服装设计的季节与场合等的不同，时装画配色方案也随之不同。但颜色的使用并没有一定的法则，如果一定要用某个法则去套，效果只会适得其反。色彩的搭配有以下几种类型。

图4-16　**以蓝色为主体的时装画**

图4-17　**以绿色为主体的时装画**

图4-18　以紫色为主体的时装画　　　　　　　　图4-19　以黑色为主体的时装画

## （1）色相配色

所谓色相配色就是以色相为基础的配色，是以色相环为基础进行思考的，用色相环上类似的颜色进行配色，可以得到稳定而统一的感觉。用距离远的颜色进行配色，可以达到一定的对比效果。

类似色相的配色能表现共同的配色印象。这种配色在色相上既有共性又有变化，是很容易取得配色平衡的手法。例如：黄色、橙黄色、橙色的组合；群青色、青紫色、紫罗兰色的组合都是类似色相配色。与同一色相的配色一样，类似色相的配色容易产生单调的感觉，所以可使用对比色调的配色手法。中差配色的对比效果既明快又不冲突，是深受人们喜爱的配色。

对比色相配色是指在色相环中，位于色相环圆心直径两端的色彩或较远位置的色彩组合。它包含了中差色相配色、对照色相配色、补色色相配色。对比色相的色彩性质比较轻，所以经常在色调或面积上使用，以取得色彩的平衡。

在16色色相环（如图4-20所示）中，角度为0°或接近的配色，称为同一色相配色；角度为22.5°的两色间，色相差为1的配色，称为邻近色相配色；角度为45°的两色间，色相差为2的配色，称为类似色相配色；角度为67.5°～112.5°、色相差为6～7的配色，称为对照色相配色；角度为180°左右、色相差为8的配色，称为补色色相配色。

（2）色调配色

① 同一色调配色。同一色调配色是将相同色调的不同颜色搭配在一起形成的一种配色关系。同一色调的颜色、色彩的纯度和明度具有共同性，明度按照色相略有所变化。不同色调会产生不同的色彩印象，将纯色调全部放在一起，或产生活泼感；而婴儿服饰和玩具都以淡色调为主。在对比色相和中差色相配色中，一般采用同一色调的配色手法，更容易进行色彩调和。

② 类似色调配色。类似色调配色即将色调图中相邻或接近的两个或两个以上色调搭配在一起的配色。类似色调配色的特征在于色调与色调之间有微妙的差异，较同一色调有变化，不会产生呆滞感。将深色调和暗色调搭配在一起，能产生一种既深又暗的昏暗之感；鲜艳色调和强烈色调再加明亮色调，便能产生鲜艳活泼的色彩印象。

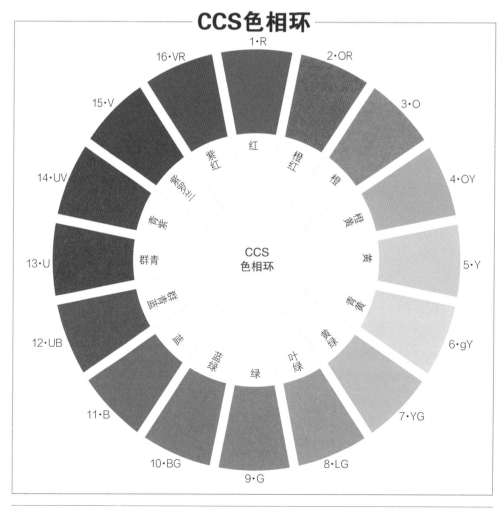

图4-20　16色色相环（即CCS色相环）

③ 对照色调配色。对照色调配色是相隔较远的两个或两个以上的色调搭配在一起的配色。对比色调因色彩的特征差异，能造成鲜明的视觉对比，有一种"相映"或"相拒"的力量使之平衡，因而能产生对比调和感。对比色调配色在配色选择时，会因横向或纵向而有明度和纯度上的差异。例如：浅色调与深色调配色，即为深与浅的明暗对比；而鲜艳色调与灰浊色调搭配，会形成纯度上的差异配色。采用同一色调的配色手法，更容易进行色彩调和。

## （3）明度配色

明度是配色的重要因素，明度的变化可以表现事物的立体感和远近感。如希腊的雕刻艺术就是通过光影的作用产生了许多黑白灰的相互关系；中国的国画也经常使用无彩色的明度搭配。有彩色的物体也会受到光影的影响产生明暗效果。像紫色和黄色就有着明显的明度差。

将明度分为高明度、中明度和低明度三类，这样明度就有了高明度配高明度、高明度配中明度、高明度配低明度、中明度配中明度、中明度配低明度、低明度配低明度六种搭配方式。其中，高明度配高明度、中明度配中明度、低明度配低明度，属于相同明度配色。一般使用明度相同、色相和纯度变化的配色方式。高明度配中明度、中明度配低明度，属于略微不同的明度配色。高明度配低明度属于对照明度配色。

综合上述色彩搭配的原理，在此列举几个搭配的范例，如图4-21～图4-23所示。

·天蓝色与粉红色：温馨的搭配，对比鲜明，两个都不是极端的冷、暖色，所以不会给视觉带来压力，反而增添了一份愉快之感，是最丰富多彩的搭配，用途比较广泛。如果用粉红色的上衣搭配天蓝色的牛仔裤，会显得朴素大方。

·绿色和粉红色/红色：和谐的搭配，大自然的颜色，就像粉红色的花朵和浅绿色的草地，让人的心情感到格外放松。可以用在卧室里，给卧室增添一份清新、宁静。绿色如果和红色搭配会更加生动、饱满。

·黑色和白色：最经典的搭配，两个都是极端的无情色，搭配在一起会让人感到迷茫，经常用来做背景。也可以用在服装上，无论是画男生还是女生，搭配黑白方格的样式，都会很休闲。

·蓝色和白色：也是很经典的搭配，这两种颜色随处可见，天空和白云的颜色、青花瓷的颜色等等，都有蓝和白的影子，让人感到清爽、明快。另外，任何颜色和白色搭配都是很好的搭配。

·湖蓝色和橙色：生动的搭配，两种颜色互为补色，也会让人有成熟感，可以用在青春的服饰搭配上。

·黄色和紫色：醒目的搭配，对比强烈，两种颜色也是互为补色。可以用在男孩子穿的T恤上，让人感到酷感十足。

·黄色和绿色：淡雅的搭配，两种颜色看起来很和谐，体现淡雅、清新、美好的风格。

第1章 什么是时装画

第2章 怎样画人体

第3章 怎样给人体着装

第4章 怎样给时装画着色

第5章 怎样画时装款式图

第6章 时装画综合表现技法赏析

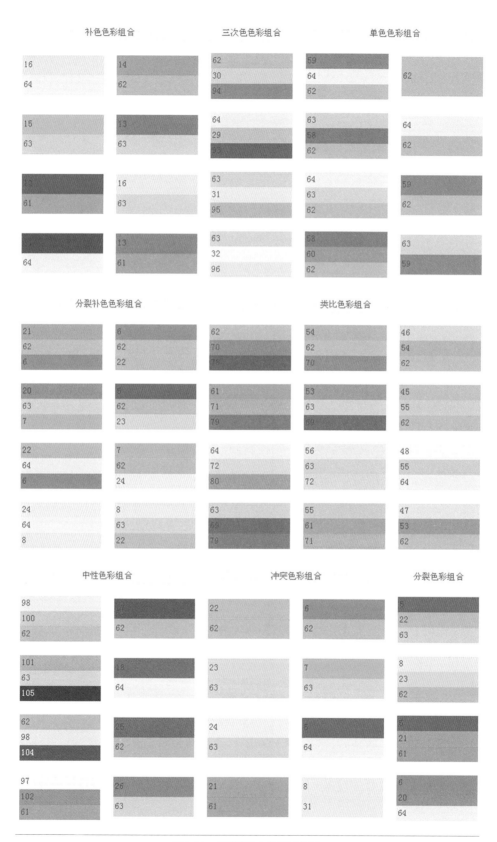

图4-21　高明度为主的搭配范例

零起点学时装画手绘技法

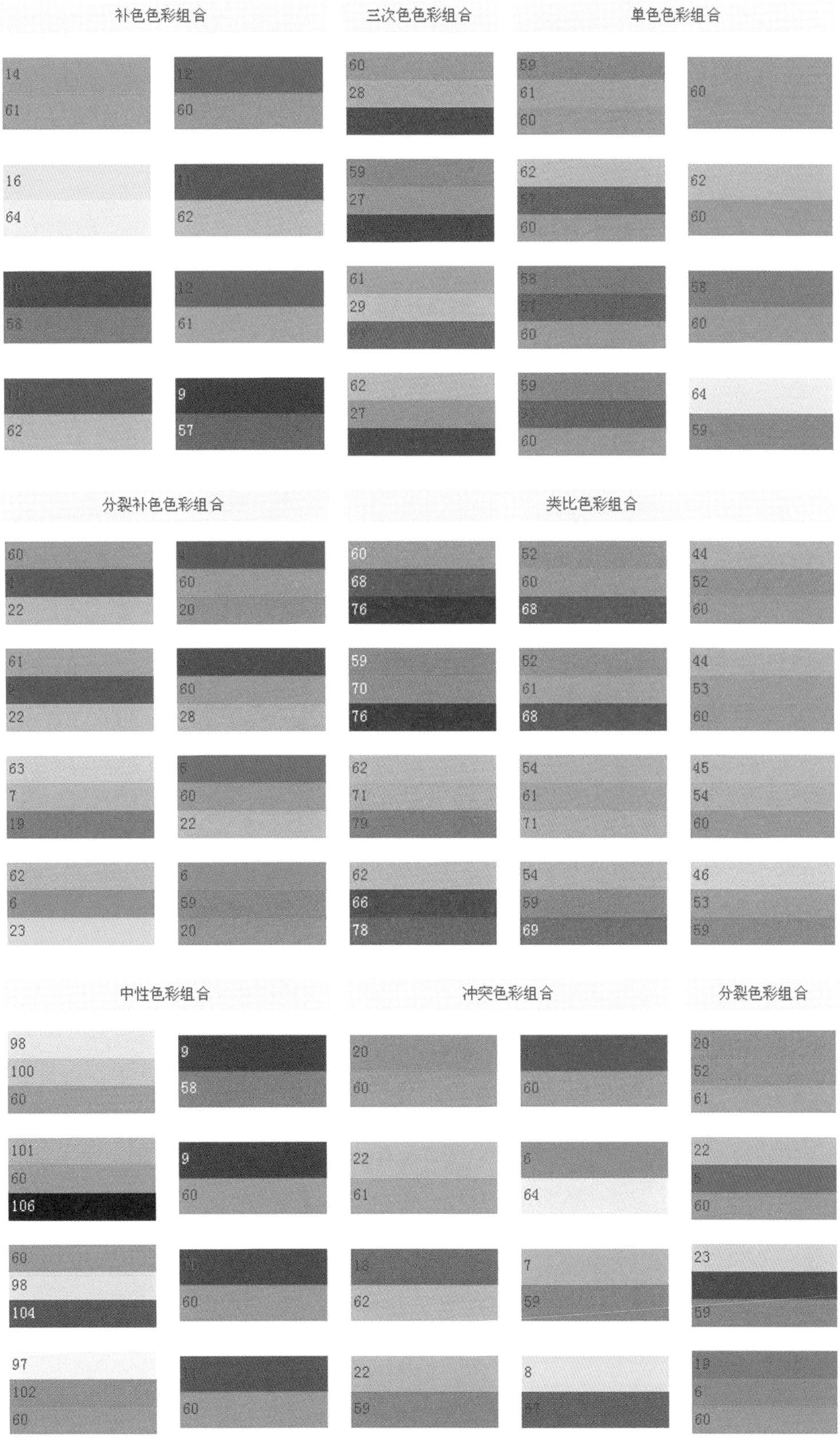

图4-22　中明度为主的搭配范例

第1章　什么是时装画

第2章　怎样画人体

第3章　怎样给人体着装

第4章　怎样给时装画着色

第5章　怎样画时装款式图

第6章　时装画综合表现技法赏析

补色色彩组合　三次色彩组合　单色色彩组合

分裂补色色彩组合　类比色彩组合

中性色彩组合　冲突色彩组合　分裂色彩组合

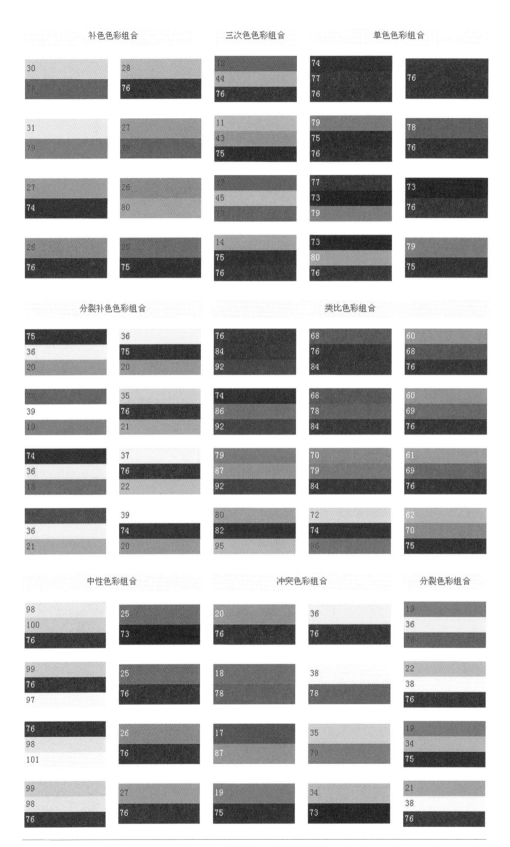

图4-23　低明度为主的搭配范例

零起点学时装画手绘技法

# 4.2 怎样画面料

### 4.2.1 面料图案的表现

面料图案是指时装面料上各种形式的纹样。根据图案的风格，可以分为花鸟及山水图案、动物图案、人物图案、风导图案、几何图案等类型。面料图案的内容多、形式各异，但也有共同的特点，即图案的布局及其表现手法具有一定的规律，这种规律是染织面料设计时所要遵循的规律，亦是我们绘制时装面料图案时借鉴、参考的依据。面料图案的布局形式，大致可分为如下四种。

（1）清地图案（如图4-24所示）

面料中纹样占据的面积小，而底色的面积较大的图案称为清地图案。对于此类图案，可视其纹样的大小比例，调整或减弱对纹样的处理，如较小的纹样则抓住纹样整体的造型、色调进行描绘，准确地表现其底色色调。

（2）混地图案（如图4-25所示）

纹样面积与底色面积大致相等，这类图案称为混地图案。由于混地图案的纹样与底色面积大致相同，故容易产生过于平均、缺少变化等问题，因此，混地图案所要表现的重点是纹样以及由衣褶、结构等引起的纹样变化。

（3）满地图案（如图4-26所示）

纹样所占的面积远远大于或者完全占满底

图4-24　清地图案　　　　　图4-25　混地图案

图4-26　满地图案　　　　　　　　　　　图4-27　件料图案

色的面积，这种类型的图案为满地图案。表现满地图案，需对整体图案的风格以及图案的造型、色彩等作重点刻画。对于满地图案中一些较为次要的填充底色的纹样，可以简略表现。

（4）件料图案（如图4-27所示）

件料图案是指从时装的整体形态出发，以整个时装为适合单元而设计的面料图案。件料的布局较具变化，风格特征强。通常的件料设计离不开设计的视觉中心，在表现件料图案时要把握这个中心，并重点表现件料的设计风格。

对于某些特殊材料的图案，则必须寻求相应的表现方法，这些形式的图案包括有：针织图案（见4.2.2.7节）、刺绣图案、手绘图案、扎蜡染图案等。下面将这些比较特殊的图案一并讲解。

（1）刺绣图案（如图4-28所示）

刺绣图案的特点是刺绣材料具有反光的感觉，以及刺绣的特殊针迹效果。对于这点，在表现刺绣时，可以采用特定的排线手法，表现图案的深色调、固有色以及亮部，由此产生一种不平整的纹理和反光效果。选用工具时，可选择适合排线的彩色铅笔、勾线笔等。

图4-28　刺绣图案　　　　　　　　　　图4-29　手绘图案

第1章 什么是时装画

第2章 怎样画人体

第3章 怎样给人体着装

第4章 怎样给时装画着色

第5章 怎样画时装款式图

第6章 时装画综合表现技法赏析

## （2）手绘图案（如图4-29所示）

手绘图案具有不规则性、随意性，绘画艺术性强，变化较大，需根据不同的风格采用不同的技法加以表现。如表现国画风格的花卉图案可运用淡彩的绘制方法。

## （3）扎蜡染图案（如图4-30所示）

扎蜡染图案通常具有较深的底色，这是扎蜡染的工艺所致的。采用阻染法，可以较为艺术地表现扎蜡染图案的风格。先使用明度较高的颜色，如白色、柠檬黄色、粉绿色等来表现图案，此种颜料可选油性的油画棒或蜡笔等。图案绘制完成后，用较深的颜色覆盖其上，此种颜料可选用与前种颜料的性质相反的颜料，如水粉色、水彩色等。待干后，图案自然呈现出来。

图4-30　扎蜡染图案

图4-31　手绘与扎蜡染图案

用此原理，可以表现较为丰富的彩色扎蜡染图案，方法有两种：一是将图案用不同的色彩表现，而后用相反性质的深色覆盖；二是根据图案的色彩层次，逐层使用以上的方法，每层用不同的色彩绘制图案，而覆盖色彩亦由浅至深，同样使用相反性质的色彩，如图4-31所示。

总之，面料图案的表现是时装画整体的一部分，图案的表现技法应与时装画的整体风格协调。由于面料的纹样是按一定的规律排列的，较为复杂，会使我们在表现时装画面料时，出现烦琐和难以控制总体效果的情况。解决这个问题的方法是根据不同的类型或不同的风格，将分布在时装主要部位的面料图案着意刻画，其他部位的图案则可做简单、省略处理。

### 4.2.2　面料质地的表现

面料的分类可以大致归纳为以下几种：薄料、厚料（包括中等厚度）、毛绒面料、透明面料、反光面料、镂空面料、针织面料以及特殊材质的面料。运用各种技法，可以在时装画中体现特定面料质地的相对准确性、预视效果和艺术气氛。

面料质地的表现是相对的，我们在表现时装画中的面料质感时，必须通过表现的目的性、对象特征、画面风格、工具材料等因素，制定所要表现对象的形态效果。换言之，必须综合考虑各种因素的表现对象，而不是将面料质感（或其他如款式、辅料、人物等）孤立地表现。

#### 4.2.2.1　薄料质感的表现

薄料的特征是飘逸、轻薄，易产生碎褶。在表现薄料时，用线可以轻松、自然，宜使用较细而平滑的线，不宜使用粗而阔的线。以淡彩的形式可以较好地表现薄质面料，或者运用晕染法、喷绘法，都易表现出薄的感觉，如图4-32所示。

表现薄料大面积的起伏，可以使用大笔触进行大

图4-32　薄料质感的表现（一）

图4-33　薄料质感的表现（二）　　　图4-34　中厚呢料的质感表现　　　图4-35　牛仔面料的质感
　　　　　　　　　　　　　　　　　　　　　　　　　　　　　　　　　　　　　　表现

面积的处理。对于薄料的碎褶，可注重其随意性和生动性，针对其明暗略加着重刻画。薄料在穿着之后，有贴身与飘逸之分，前者可以着重表现，而后者则可以略为虚化，如图4-33所示。

### 4.2.2.2　中厚面料质感的表现

中、厚面料的表现与薄料的表现有截然不同的手法，宜采用粗犷、挺括的线条。呢子的反光性较弱，可利用平涂、摩擦等较为方便的方法表现出这种感觉来。对于粗花呢，可采用洒色法、拓印法等表现粗花呢的花纹。由于面料厚度的影响，中、厚面料的褶不易服帖，因而显得大而圆滑，如图4-34所示。在表现牛仔面料时，可用摩擦法以及拓印法表现出牛仔面料的纹理，如图4-35所示。

### 4.2.2.3　毛、绒面料质感的表现

毛、绒面料包括裘皮面料（包括长毛狐狸皮与短毛貂皮面料）、羽毛面料、绒布（包括丝绒等）面料等。

裘皮面料具有蓬松、无硬性转折、体积感强等特点。长毛狐皮面料还具有层次感，表现裘皮可结合撇丝法、摩擦法、刮割法，先置深色，而后略顺其纹理逐层提高，如图4-36和图4-37所示。

绒布有发光与不发光之分，与其他面料相比，同一色的绒布较深，而丝绒面料则较一般绒布面料反光和悬垂性要强。在处理绒布面料的边缘时，不能坚硬或圆滑，而应起毛和虚化，运用摩擦法来表现此种面料较为适合，如图4-38所示。

羽毛的层次感强，可参考表现裘皮面料的步骤，所不同的是不用撇丝，而用较大的笔触画出其羽毛的形状，也就是能够展现其羽毛的视觉效果，如图4-39所示。

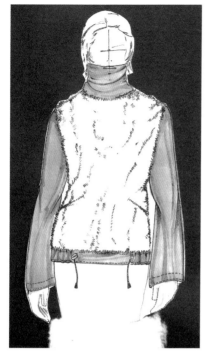

| 图4-36 | 图4-37 |
| 图4-38 | 图4-39 |

图4-36　短毛貂皮的面料表现
图4-37　长毛狐狸的面料表现
图4-38　绒布面料的表现
图4-39　羽毛面料的表现

## 4.2.2.4　透明面料的表现

透明面料包括塑料、纱等，对于此类面料的表现，可以综合运用重叠法、晕染法或喷绘法来表现纱的透明效果，如图4-40所示。当透明的纱与塑料覆盖在比它们的色彩明度深的物体上时，被覆盖物体的颜色会变得较浅；反之，被覆盖物体的颜色会变深。

纱易产生自然特性的褶皱，在处理时，可加强层次的丰富感，而对于飘动起来的纱，丰富感可略为淡化。塑料具有较高的透明感，且有较强的反光性能。表现塑料透明感的方法与表现纱的透明感方法相似，但要考虑塑料有一定的反光性能，在处理皱褶、转折时，要表现出它的硬度感和高光感。透明薄纱面料的表现如图4-41所示。

图4-40　透明印花面料的表现　　　　图4-41　透明薄纱面料的表现

第1章　什么是时装画

第2章　怎样画人体

第3章　怎样给人体着装

第4章　怎样给时装画着色

第5章　怎样画时装款式图

第6章　时装画综合表现技法赏析

图4-42　反光黑色漆皮面料的表现　　图4-43　反光金色漆皮面料的表现

### 4.2.2.5　反光面料的表现

表现反光面料通常有两种方法：一是平涂法，较为简略，或勾线，或无线平涂。将反光料归纳为两个、三个或更多的层次，重点表现面料的受光面、灰调面、暗面，将灰面与受光面的明度加大，产生对比后的光感，特别表现面料的大的转折、皱褶的光感。

另一种方法是倾向写意的较为复杂的方法，将面料按照写意的风格去处理，表现反光面料丰富的层次，注重面料的细部变化，将面料的转折、皱褶进行深入刻画，面料的反光效果便会表现得淋漓尽致，如图4-42和图4-43所示。

图4-44　镂空面料的表现（一）　　图4-45　镂空面料的表现（二）

### 4.2.2.6　镂空面料的表现

运用阻染法是表现镂空面料的较好办法。特种性质的（油性或水性）颜料（如白色油画棒），按需要事先绘制图案，然后，将另一种性质的面料（如较深色的水粉色）覆盖于图案上（面积略大些），两种不同性质的面料会产生分离的效果，以此产生镂空面料的感觉，如图4-44所示。

当然，也可以使用前面介绍的留白或者淡彩的方式来表现镂空面料在透漏部分的视觉效果，如图4-45所示。

总之，镂空面料必须要通过面料后面的人体或服装的部分才能体现其镂空感。

#### 4.2.2.7　针织面料的表现

编织的表面纹理是针织面料质感表现的重点。由于针织面料的种类不同，其表现方法亦各异。用圆机生产的针织面料，纹理平滑、整齐，可采用相应的转印纸图案，转印一定部位、面积的针织纹理；或在绘制中适当夸大面料的针织纹理效果，如图4-46所示。

而横机以及手工编织的针织面料，可以直接按一定的比例（针对较大的纹理而言，如较大的绞花纹理、较大的编织纹样等）进行刻画，或者夸张地表现其纹理效果（如图4-47所示）。由于编织面料的图案造型是根据编织面料的纹理走向而生成的，所以在表现这类图案时，可考虑一定的方块状与锯齿状。工具可以使用彩色铅笔，油画棒等，而技法可采用摩擦法、勾线平涂等方法。

图4-46　圆机针织面料的表现

图4-47　横机针织面料的表现

第1章　什么是时装画

第2章　怎样画人体

第3章　怎样给人体着装

第4章　怎样给时装画着色

第5章　怎样画时装款式图

第6章　时装画综合表现技法赏析

# 4.3 怎样给时装画上色

## 4.3.1 黑白灰表现技法

在4.1节中我们就学习到了，色彩中的一种类型是无彩色，是通过黑、白、灰的色相及其明度的变化而构成的。因而，黑白灰的表现技法就是仅使用黑白灰色来表现时装的技法。

为何我们要先从无彩色系开始学习如何给时装画上色呢？这是因为，任何一个画面（不论有彩或无彩）都需要讲求黑白灰的构图关系，既是指时装画中的无彩色单色色块，也指有彩色色块的明度关系。打个比方就是，我们可以通过调色功能将电视或电脑画面从有彩变成无彩，来考察其中黑白灰的构成。而这一点，恰恰是学习上色最重要的把握画面美感的基础之一。

绘画构图中，黑、白、灰的分布对时装画非常重要，是上色成功与否的关键一环。甚至可以说，只要黑白灰的布局不乱，画面就不会乱。有些本应该是十分成功的作品，却因为黑白灰关系没有处理好而使整体结构凌乱。布置黑白灰色块是有一定的依据可循的，也有一定的处理规律和方法，以下就让我们从两个方面来学习黑白灰的上色技法。

### 4.3.1.1 布置黑白灰色块的依据

#### （1）固有色

我们可以将千差万别的固有色概括为黑、白、灰三种色，以最少的色彩涵盖最多的物体色彩和形体。如图4-48所示，人体的肤色和服装上的浅色就被归结为白色块，头发的部分则是灰色块，而服装的相拼色块就被处理成为了黑色块。

#### （2）光线照射

光线将物体区别成受光面和背光面，从而形成了黑、白、灰三个大的系统色块，同一形体因顺光、逆光、侧光、顶光、底光等照射而

图4-48　固有色

第1章　什么是时装画

第2章　怎样画人体

第3章　怎样给人体着装

第4章　怎样给时装画着色

第5章　怎样画时装款式图

第6章　时装画综合表现技法赏析

| | |
|:---:|:---:|
| 图4-49　**光线照射** | 图4-50　**主观布局** |

显现不同的黑白灰反应。在图4-49中，除了人物头发以及部分背景为黑色块面以外，其余的人体和服装部分都因为光线的影响而形成了白色和灰色两大块面。此外，画家还用水彩的晕化效果在背景中加入了不同层次的灰色，这是另一种处理手法（主观设计），在4.3.1.2中将详细讲述。

（3）主观布局

　　根据画面需要，我们要初步学会如何安排色块，可以遵循光线因素和固有色因素，也可以随意安排，只要符合画面的美感，没有打不破的自然规律。处理黑白灰色块是构图技法中的难点，难在概括、变相、布置。有时为了形象，不得不向黑白灰妥协；有时为了黑白灰关系，又不得不牺牲形象的完整性。

　　在图4-50的时装画中，根据整个画面的需要，三个人物及服装的黑白灰关系的处理是不尽相同的，其中分居两侧的人物头发被处理成白色，而中间一位则是黑色；在肤色上也略有差异，居左的为白色、居中的近灰色、居右的则近黑色；在服装方面，居左的为黑与浅灰色块的结合，居中的是纯黑色块，居右的则是分段的黑色与深灰色块的结合。

### 4.3.1.2　黑白灰的处理

　　黑白灰的处理，一般的规律是遇黑变白，逢白衬黑，黑中有白，白中有黑；以黑取形，以白取光，黑白相间，灰色相连；在大黑大白之间，用灰色过渡，感性出手，理性收敛。做到画面的主要部分醒目耐看，次要的部分概括，琐细的地方概括统一。

## （1）画面基调的不同感受

时装的内容有欢快和沉郁之别，动静不同，我们在确立黑、白、灰画面基调时都应与之协调。如果把黑、白、灰比作音乐中的低音、高音、中音，三者互相对比和衬托，但要有一个主要的倾向即基调。画面中黑白成分和面积的多少决定了画面的黑白基调，不同的基调可以产生不同的情感。黑、白多，灰少的浅色调，大效果强烈；黑、白少，灰多，基调柔和，优美。

一般来说，以暗调子为主的画面给人的感觉比较深沉、悲壮、严肃、伤感；往往带有恐怖感、压抑感和神秘感；有时又有出奇的幽静感，如图4-51所示。画面以浅色为主的基调，带给人的心理感受比较明快、亮丽、活泼、舒畅、喜悦，如图4-52所示。灰调子为主的色调则给人以柔和、缠绵、怡然、富丽的印象，似乎不带明确的情绪倾向，但处理得当，也能达到强烈效果，而且感情以画面内容为转移，具有极大的主动性。即使同样数量的黑白，由于画面的结合和安排不同，也会产生不同的基调和情感。

当我们考虑画面结构时，应该以黑、白、灰的概念去归纳时装的色相，抓住黑白基调和对比进行处理。如黑包白、白包黑、上黑下白、上白下黑、黑白穿插、黑白相间、黑白造势等，即用黑和灰衬托亮的主体物，用亮的背景衬托灰或深的主体物，深背景去衬托亮的主体物；用亮的背景衬托黑的主体物等，如图4-53所示。概括程度越高，画面效果就越

图4-51　黑灰多的暗调子　　　　　　图4-52　黑白多、灰少的浅色调

図4-53 运用黑白灰相互穿插的时装画　　　　图4-54 精心布局的黑白灰时装画

好，越能吸引观众的视线。要注意的是，无论采用哪种调子，都应有自身黑白灰的对比，只是程度不同而已，做到亮调子不飘，暗调子不闷，灰调子不灰。

知白守黑，这是中国画的构图理论，其实也是一种可以应用到时装画中的黑白关系。我们既要重视画面上黑的部分，又要重视画面上白的部分。黑与白都要精心安排，尤其注意黑白灰的概括作用。空白处要有大小变化，形状不雷同，不出现完全规则的等边三角形、方形、圆形、菱形等。总的要求是要拉开黑白灰三大关系的距离，减弱小的对比，使一切小的变化服从大关系的对比。如图4-54所示为精心布局的黑白灰时装画。

## （2）要有节奏和对比

黑白对比的重复产生了黑白的节奏，是黑白形式美的重要组成部分，画面缺乏黑白节奏将导致画面的单调和无序。画面是否鲜明、强烈，在于黑白两色的确立。无论是以亮调子为主的画面，还是以暗调子为主的画面，都要有最亮和最深的"两极"，说得绝对一点，一幅画面，对比最强烈的地方只能有一处，其余的要从属于最强者，避免大关系的混乱。最强者如同音乐中的定音鼓，给人以振奋和强烈的感受，否则就会觉得"灰"。音乐的旋律是乐曲的生命，黑白的旋律同样是画面的灵魂。一首乐曲有高潮，一幅画面的黑白也有中心，这个黑白旋律的中心则是黑白对比最强的地方，是画面最"跳"的部分。灰色

图4-55　对比强烈的黑白灰处理（一）　　　　图4-56　对比强烈的黑白灰处理（二）

是一种性格温和的调子，它容易与"他人相处"，起到调节、丰富画面的作用。为了体现构图的丰富、强烈、节奏、韵律，黑、白、灰往往是交错布局，你中有我，我中有你。当然这种交错在面积上是有主次和重点之别的，刺激强度大的色块相对集中，否则，平平庸庸一大摊，画面因无聚散而花乱。如图4-55所示为对比强烈的黑白灰处理。

黑与白的色块和位置相同，容易导致画面呆滞和沉闷。大面积的黑要留些小面积的白在其中，使之生动、透气；同样，大面积的白也要加些黑在其中，使之丰富、多彩、有分量。黑、白的形要有错落，注意疏密位置；灰面的走向要注意聚和散，气韵相贯，才不至于平平淡淡、闷闷沉沉。物象要围绕黑白的形进行，可叠可破，可绕可旋，务求把黑与白的形衬托出来，如图4-56所示。

（3）黑、白、灰的平衡

时装画中画面的黑白构成还要考虑到黑白的均衡关系，即使画面大的框架是平衡的，但黑白灰处置不均衡，画面同样会不均衡。前面已经谈到，黑、白、灰三者给人的量感不同，黑为重，有收缩感；灰次之，有平稳感；白为轻，有扩展感。构图中的各种色块起到镇定全局的"压脚戏"作用。黑、白、灰三者的面积、位置与图形对画面的均衡、变化、统一等有至关重要的作用。因此，布局时，一定要考虑它们之间的相互平衡关系。这

零起点学时装画手绘技法

种平衡类似画面布局时所考虑的那样，要有中轴线的概念，体现量的比例关系，如图4-57所示。

再如图4-58所示黑是构成帽子、服装结构与图案以及配饰的重要支柱与轴线；灰则衬托出了人体发肤、五官及服装的固有色等重要内容；而留白的部分则是光线感觉的体现，整幅画面细节丰富，黑、白、灰的处理又获得了完美的平衡感。

第1章 什么是时装画

第2章 怎样画人体

第3章 怎样给人体着装

第4章 怎样给时装画着色

第5章 怎样画时装款式图

第6章 时装画综合表现技法赏析

图4-57　黑白灰的平衡（一）　　　　　图4-58　黑白灰的平衡（二）

## （4）黑白的统一和谐调

黑白的千变万化，必须要协调、统一才有美的价值。离开了和谐，对比和丰富的艺术效果会导致画面杂乱无章。黑白的统一和协调是指一幅画中黑白在艺术形式上的一致性和黑白表现手法上的统一性，画面一定要以某一种艺术形式保持一致。要协调就要使画面黑白的形既有变化又不能花乱。如果画面中两块最大的黑在面积上相同，一定是呆板的；如果这两块黑在形状上又没有变化，那就更难看。但是，黑与白的色块相并置，则具有强烈的对比作用。因此，不能多和乱，否则会导致花和散。

事实上，黑、白、灰的安排并不都是事先有一个黑白灰形式的固定想法，然后再去凑

图4-59　**黑白灰的统一**　　　　　　　　　　　　　　　图4-60　**黑白灰的和谐**

合。而是在安排各种物象的同时，自然形成一个调子，在此基础上再进行调整，使之更符合视觉美感。处理的具体办法是把画面上的全部形象、人物、道具都进行概括，作为几个色调单位来对待。在构图的时候，把它们安排在相应的黑白灰色阶上，一方面依照形象、背景所需的色调；另一方面依照整个画面的黑白韵律和节奏，把两者紧密地结合在一起。全盘设计，求得对比中有和谐，和谐中有变化，变化中有统一，达到具有形式美感的艺术效果，如图4-59和图4-60所示。

　　总之，在考虑黑、白、灰的色块布局时，既要尊重客观表现时装的自然秩序，又需要设计师有意安排和主观强调、仔细斟酌画面的黑白灰结构。

## 4.3.2　色彩湿画法的表现技法

　　所谓色彩湿画法，是指充分运用水彩颜料及其特性，充分利用用水的作用，在保持一定水分的状态下，完成时装画的一种手法。色彩湿画法可分为湿的重叠和湿的接色两种类型。

### 4.3.2.1　湿的重叠技法

　　湿的重叠技法是指将画纸浸湿或部分刷湿，未干时着色和着色未干时重叠颜色。水分饱满，时间掌握得当，效果自然而圆润。表现雨雾气氛、湿润水汪的情趣是其特长，为某

<table>
<tr><td>图4-61　湿的重叠技法</td><td>图4-62　湿的接色技法</td></tr>
</table>

些工具表现所不及。

　　如图4-61中裙身的部分就是在用水分充足的淡紫灰色铺满块面以后，在未干时着更深的裙褶及其暗部笔触，具有一种生动而自然的视觉效果，以及挥洒自如的风格。

### 4.3.2.2　湿的接色技法

　　湿的接色技法是指邻近未干时接色，水色流渗，交界模糊，表现过渡柔和色彩的渐变多用此法。接色时水分使用要均匀，否则，水多向少处冲流，易产生不必要的水渍。

　　图4-62中的头发与衣服等就运用了湿的接色技法，将人物的头发、脸部侧影和服装在水色未干的时候，自然相互渗透，具有模糊的分界，晕化效果情趣盎然。

## 4.3.3　色彩干画法的表现技法

　　所谓的色彩干画法是一种多层画法。用层涂的方法在干的底色上着色，不求渗化效果，可以比较从容地一遍遍着色，较易掌握，适于初学者进行练习。表现肯定、明晰的形体结构和丰富的色彩层次是干画法的特长。干画法可分层涂、罩色、接色、枯笔等具体方法。

### 4.3.3.1　层涂法

　　层涂法即干的重叠，在着色干后再涂色，一层层重叠颜色表现对象。在画面中涂色层数不一，有的地方一遍即可，有的地方需两遍三遍或更多一点，但不宜遍数过多，以免色彩灰脏失去透明感。层涂的重叠会有一定的透色效果，事先应预计透出底色的混合效果，这一点是不能忽略的。

图4-63中的每一块人物及服装的图案、纹样、色彩及其阴影部分，都使用了层涂的手法，按照事先预想和勾勒的形状及颜色，一层层涂上，有些地方是一层，有些地方则是三层或更多。

### 4.3.3.2 罩色法

罩色法实际上也是一种干的重叠方法，只是罩色更加灵活多变。譬如画面中几块颜色不够统一，得用罩色的方法，蒙罩上一遍颜色使之统一。某一块色过暖，罩一层冷色改变其冷暖性质。再如，需要强调时装的立体感，就需要罩上一层或多层比固有色深或浅的颜色。所罩之色应以较鲜明色薄涂，一遍铺过，一般不要回笔，否则带起底色会把色彩搞脏。在着色的过程中和最后调整画面时，经常采用此法。

如图4-64所描绘的鞋子，其高光的白色以及暗部的红黑色，都是在干透的红色鞋的固有色基础上，通过罩色的方法加上去的，从而塑造了立体感和光照感。

### 4.3.3.3 接色法

干的接色法是在邻接的颜色干后从其旁涂色，色块之间不渗化，每块颜色本身也可以湿画，增加变化。这种方法的特点是表现的物体轮廓清

图4-63

图4-64

图4-63　层涂法
图4-64　罩色法

图4-65　**接色法**　　　　　　　　　　　　图4-66　**枯笔法**

第1章　什么是时装画

第2章　怎样画人体

第3章　怎样给人体着装

第4章　怎样给时装画着色

第5章　怎样画时装款式图

第6章　时装画综合表现技法赏析

晰、色彩明快。难度在于每一笔上色的时候与边上的颜色必须衔接得非常自然，否则就会影响你想要塑造的立体感和造型。接色法如图4-65所示。

#### 4.3.3.4　枯笔法

笔头水少色多，运笔容易出现飞白；用水比较饱满，在粗纹纸上快画，也会产生飞白。表现闪光或柔中见刚等效果常常采用枯笔法。枯笔的技法往往用来表现非常爽快利落的造型风格，如图4-66所示。

需要注意的是，干画法不能只在"干"字方面做文章，画面仍需让人感到水分饱满、水渍湿痕，避免干涩枯燥。

### 4.3.4　色彩干湿综合的表现技法

画时装画时大都将干画和湿画相互结合来进行，湿画为主的画面局部采用干画，干画为主的画面也有湿画的部分，干湿结合，表现充分，浓淡枯润，妙趣横生。图4-67就是以干画法为主、湿画法为辅的一幅时装画；而图4-68则是以湿画法为主、干画法为辅的典型技法。

图4-67　干画法为主、湿画法为辅　　　图4-68　湿画法为主、干画法为辅

　　水分的运用和掌握是时装画技法中非常基本的要点之一。水分在画面上有渗化、流动、蒸发的特性，画时装画要熟悉"水性"。充分发挥水的作用，是画好时装画的重要因素。需要通过大量的练习来掌握水分，同时应注意时间、空气的干湿度和画纸的吸水程度等问题。

（1）时间问题

　　进行湿画，时间要掌握得恰如其分，叠色太早太湿易失去应有的形体；太晚底色将干，水色不易渗化，衔接生硬。一般在重叠颜色时，笔头含水宜少，含色要多，便于把握形体，使之渗化。如果重叠之色较淡时，要等底色稍干再画。

（2）空气的干湿度

　　画几张水彩画就能体会到，在室内作画，水分干得较慢；在室外潮湿的雨雾天气作画，水分蒸发更慢。在这种情况下，作画用水宜少；在干燥的气候情况下，水分蒸发快，必须多用水，同时加快调色和作画的速度。

（3）画纸的吸水程度

　　要根据纸的吸水快慢相应掌握用水的多少，吸水慢时用水可少；纸质松软吸水较快，用水需增加。另外，大面积渲染晕色用水宜多，如色块较大的服装和背景，用水饱满为宜；描写局部和细节，用水适当减少。

（4）留白的方法

与其他绘画形式的技法相比，时装画最突出的特点之一就是"留白"的方法。一些浅亮色、白色部分，需在画深一些的色彩时"留白"出来。在欣赏时装画作品时留意一下，你会发现几乎每一幅都运用了"留白"的技法。如图4-69所示为男装的留白处理。

恰当而准确地空白或留浅亮色，会加强画面的生动性与表现力；相反，不适当地乱留空，易造成画面琐碎花乱现象。着色之前把要留空之处用铅笔轻轻标出，关键的细节，即使是很小的点和面，都要在涂色时巧妙留出。另外，凡对比色邻接，要空出地方，分别着色，以保持各自的鲜明度，如图4-70所示。

有的初学者把不必要的空的形状空了出来，然后顺着轮廓涂描颜色；还有的把该空的地方沿着轮廓空得很死、太刻板，失去生动感。也可以使用水彩留白胶，用留白胶处理过的部分在复绘制前必须保持干燥。一旦干燥，这些区域会得到保护而不会被颜料渗透，这也是一个"留白"的好办法。当然空的既准确又生动，是技巧熟练的体现。在实践中反复练习，就会熟能生巧。

本节所述的着色技法，仅仅是时装画着色中最基本的方法，即用水彩或水粉颜料上色的方法。掌握上述方法，对于初学者成功完成一幅时装画已经足够。此外，还有更多的时装画技法可以尝试，本书将在第6章分别介绍和赏析各种综合技法的表现形式。下一节，通过一组从头像到半身再到全身的时装画范例，来综合示范给时装画上色的基本方法。

第1章 什么是时装画
第2章 怎样画人体
第3章 怎样给人体着装
第4章 怎样给时装画着色
第5章 怎样画时装款式图
第6章 时装画综合表现技法赏析

图4-69　图4-70

图4-69　**男装的留白处理**
图4-70　**女装的留白处理**

# 4.4 作品欣赏

## 4.4.1 头像的上色（见图4-71～图4-76）

| 图4-71 | 图4-72 |
|--------|--------|
| 图4-73 | 图4-74 |

图4-71 头像时装画（一）
图4-72 头像时装画（二）
图4-73 头像时装画（三）
图4-74 头像时装画（四）

图4-75 　 图4-76

图4-75　头像时装画（五）
图4-76　头像时装画（六）

## 4.4.2　半身像的上色（见图4-77～图4-84）

图4-77 　 图4-78
图4-79 　 图4-80

图4-77　半身时装画（一）
图4-78　半身时装画（二）
图4-79　半身时装画（三）
图4-80　半身时装画（四）

第1章　什么是时装画
第2章　怎样画人体
第3章　怎样给人体着装
第4章　怎样给时装画着色
第5章　怎样画时装款式图
第6章　时装画综合表现技法赏析

图4-81　半身时装画（五）

图4-82　半身时装画（六）

图4-83　半身时装画（七）

图4-84　半身时装画（八）

## 4.4.3 全身像的上色（见图4-85～图4-93）

| 图4-85 | 图4-86 |
|---|---|
| 图4-87 | 图4-88 |
| 图4-89 | 图4-90 |

图4-85　全身女性时装画（一）
图4-86　全身男性时装画（一）
图4-87　全身女性时装画（二）
图4-88　全身男性时装画（二）
图4-89　全身儿童时装画
图4-90　全身少年时装画

第1章 什么是时装画
第2章 怎样画人体
第3章 怎样给人体着装
第4章 怎样给时装画着色
第5章 怎样画时装款式图
第6章 时装画综合表现技法赏析

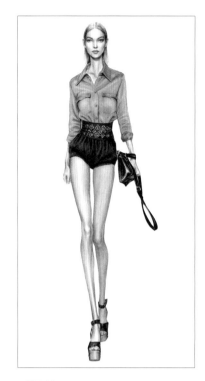

图4-91　图4-92

图4-93

图4-91　全身写实女性时装画
图4-92　全身写实男性时装画
图4-93　全身写意双人时装画

第 **5** 章

# 怎样画时装
# 款式图

# 什么是款式图

时装款式图简称款式图，指服装设计师在时装设计过程中运用简练的线条勾勒出服装的外部轮廓和内部结构，表现服装式样的图形。它不仅包括服装本身的款式造型，还包括服装各部位的细节、内部结构线、服装尺寸（视企业的要求）以及局部工艺说明等。

时装本身就是艺术和技术的完美结合，时装画除了是一种绘画形式以外，它的另一个重要作用，就是为整个产业链服务。时装最终来到消费者的面前，之前经过了服装设计师们的市场调查，流行因素分析，设计构思，设计草图、效果图和款式图，并通过服装技术部门采料，打版，打样，直至大批量生产并投放市场等一系列环节。时装的艺术构思是时装美的基础，工艺是实现时装设计的物质条件，而时装款式图（也称服装平面图或服装工艺结构效果图）就是以表现服装工艺结构，方便服装生产部门使用为主要目的的服装款式效果图。

在工业化服装生产的过程中，时装款式图的作用远远大于时装效果图，是衔接设计与生产的重要环节。然而款式图的绘制方法往往会被初学服装设计的学生和服装专业人员忽略，这就造成了绘制款式图的设计师在与服装制版师、样衣工之间的交流产生很大的障碍。有很多服装设计师甚至会认为只要画好了服装效果图，服装款式图自然就会了；也有的认为，服装款式图只要能交待清服装款式图就行了，其他不用管。这些看法往往对服装设计者在实际工作中产生很多误导。

虽然时装效果图具备很强的表现力，但是它的说明性远不及款式图表现得那样精确明了。这是因为时装效果图中包含着一个立体的、动态的人体，由于人体动态等多方面原因，服装的细节不可能在服装画上完全显现出来。另外，在时装画中的人体总是以被夸张后的比例出现，把服装穿在这样的人体上，服装自然就会出现变形，虽然这样的时装效果更美，但对于制版师和样衣工来说，如果也按时装画来打版和制作，那就让设计师太伤脑筋了。最后，效果图一般只表现一个视角，而款式图则必须表现正、背两个视角的服装结构，如图5-1所示。所以，对于时装款式图的表现，也要像对待服装效果图和工艺等要素一样认真对待！

款式图的绘制要为时装的下一步打版和制作提供重要的参考依据，所以时装款式图的画法有着自己的规范要求。款式图的画法应强调制作工艺的科学性以及结构比例的准确性。要求对服装的表现一丝不苟，面面俱到，并且线条清晰明了。在款式图绘制完成后，一定要能使服装行业的所有参与生产层面的工作人员都能看得清清楚楚、一目了然。在此基础上，时装款式图的绘制还要讲求一定的美感，使其能更加完美地体现设计者的设计思想。

图5-1　工业化服装生产过程中的款式图与效果图比较

第1章　什么是时装画

第2章　怎样画人体

第3章　怎样给人体着装

第4章　怎样给时装画着色

第5章　怎样画时装款式图

第6章　时装画综合表现技法赏析

# 5.2 款式图的构成

简单来说，时装款式图就是一件完整的服装在正面视和正背视时所呈现出来的所有结构线条，以及一些重要的配件、图案和工艺等线条。由图5-2可以看到，这款大衣在没有借助人体的辅助而独立存在时，其本身所呈现出来的线条，大致由以下几种类型构成。

（1）轮廓线

轮廓线是一款时装的外部造型，如同剪影，也称之为廓形线，体现了整个款式的大型，包括：领型、袖型、身型、裙型或裤型等，通常用粗一号的线条来画。

（2）结构线

结构线是指构成这件服装各部件的造型线条，以及组合各部件的线条。例如：领形线、门襟线、口袋线、袋盖线、衣衩线、袖笼线、省道线、褶裥线、各种分割线等。

（3）装饰线

装饰线是指为了使时装元素更加丰富而添加上去的装饰物件所呈现出来的线条。在图5-1中的领部与袋盖边缘的流苏线条就是装饰线的一种，此外还有如：花边线、图案线、拼贴线等。

（4）配件线

配件线通常是指一款时装上必不可少的服用配件，如拉链、纽扣、绳带、气眼、揿钮、搭襻等所构成的线。

（5）工艺线

工艺线是指制作一款时装所必须用到的工艺，由此而产生的线条，如缝纫线、锁边线、套结线、锁眼线等。

因美观的问题，绝大多数的工艺线都被设计师或工艺师隐藏在你所看不见的地方，所以有时候需要特别画出来加以说明。而让人看见的工艺线，如图中的明缝线、卷边线和锁眼线，都具有一定的美观性。

## （6）衣纹线

　　款式图中的衣纹线与效果图中的原理是完全一样的，只不过，款式图中的衣纹线主要起说明作用，用来说明衣褶、体量以及服装结构的来龙去脉。如领子、围巾、袖子和衣摆等处的曲线等。

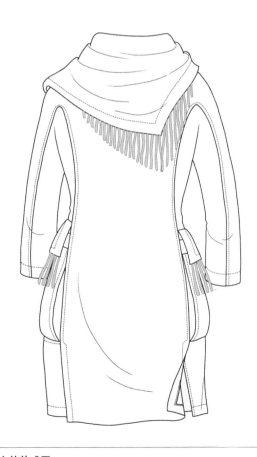

图5-2　一件大衣的款式图

第1章　什么是时装画

第2章　怎样画人体

第3章　怎样给人体着装

第4章　怎样给时装画着色

第5章　怎样画时装款式图

第6章　时装画综合表现技法赏析

# 5.3 画款式图的要点

## 5.3.1 比例

在时装款式图的绘制中，首先应注意每款服装的外轮廓及服装细节的比例关系，在绘制服装款式图之前，作者应该对所画的服装的所有比例有一个详尽的了解，因为各种不同的服装有其各自不同的比例关系。

在绘制时装的比例时，应注意"从整体到局部"，绘制好服装的外形及主要部位之间的比例。如服装的肩宽与衣身长度之比，裤子的腰宽和裤长之间的比例，领口和肩宽之间的比例，腰头宽度与腰头长度之间的比例，等等。把握好这些比例之后，再注意局部和局部、局部与整体之间的比例关系（必要时可以借助尺规）。

如图5-3所示，这款大衣的廓型比较特殊，是钟形的轮廓。首先要把握好这一点整体特征，并按照实物（并非在效果图中的时装）的比例确定长宽；然后再画出最主要的横向分割腰线的位置、底摆的高度，以及门襟（因为是双排扣的）的宽度等；最后再确定腰褶、后领褶、衣摆褶等结构，纽扣和锁眼的表达，以及明辑线等细节。

图5-3 由整体到局部的比例把握

### 5.3.2 对称

如果沿人的眉心、人中、肚脐画一条垂线，以这条垂线为中心，人体的左右两部分是对称的。依据人体的特点，服装的主体结构必然呈现出对称的结构。对称不仅是服装的特点和规律，而且很多服装因对称而产生美感。因此在款式图的绘制过程中，一定要注意服装的对称规律，如图5-4所示。当然，有时候因为时装款式的原因，或是为了取得某种生动的视觉效果，我们也会适当进行不对称的处理。

图5-4　对称的款式图

初学者在手绘款式图时可以使用"对折法"来绘制服装款式图，这是一种先画好服装的一半（左或右），然后再沿中线对折，描画另一半的方法，这种方法可以轻易地画出左右对称的服装款式图。

当然，在使用电脑软件来绘制服装款式图的过程中，只要画出服装的一半，然后再对这一半进行复制，把方向镜面翻转一下就可以完成，这比手绘要方便得多。

### 5.3.3 线条

时装款式图由线条绘制而成，所以我们在绘制的过程中要注意线条的准确和清晰，不可以模棱两可。如果画得不准确或画错线条，一定要用橡皮擦干净，绝对不可以存留模糊的印迹，因为这样会造成服装制图和打样人员的误解。

另外，在绘制服装款式图的过程中，不但要注意线条的规范，而且还要注意表现出线条的美感，要把轮廓线和结构线以及明线等线条区别开。一般可以利用四种线条来绘制服装款式图，即：粗线、中粗线、细线和虚线。

· 粗线主要用来表现服装的外轮廓；
· 中粗线主要用来表现服装的大的内部结构；
· 细线主要是用来刻画服装的细节部分和某些结构较复杂的部分；
· 虚线可以分为很多种类，主要用以表示服装的明辑线部位。

在图5-5中，时装的外轮廓就是用较粗的线条勾勒出来的，并用中粗线将该款外套的各部分表达得非常清晰，如立领、袖口、复式、门襟、袋盖、口袋等；然后再用细线来画出服装中收腰处的褶皱以及自然的衣纹等，值得注意的是，该款时装中的揿钮、底摆抽带及限制扣都刻画入微；最后再用虚线画出领袖和门襟袋盖处的明辑线。

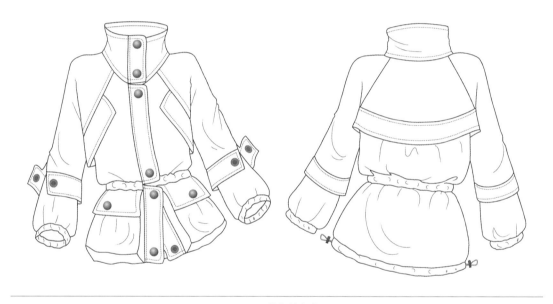

图5-5　线条的变化

### 5.3.4　文字说明和面辅料小样

在时装款式图绘制完成后，为了方便打版师傅和打样师傅更准确地完成服装的打版与制作，还应标出必要的文字说明，其内容包括：服装的设计思想，成衣的具体尺寸（如：衣长、袖长、袖口宽、肩斜、前领深、后领深等），工艺制作的要求（如：明线的位置和宽度、服装印花的位置和特殊工艺要求、扣位等），以及面料的搭配和款式图在绘制中无法表达的细节。文字说明清晰详尽的款式图就是工艺单，如图5-6所示。

另外，在时装款式图上一般要附上面料、辅料小样（包括扣子、花边以及特殊的装饰材料等），这样可以使服装生产参与者更直观地了解设计师的设计意图；并且为服装在生产过程中采购辅料提供了重要的参考依据。

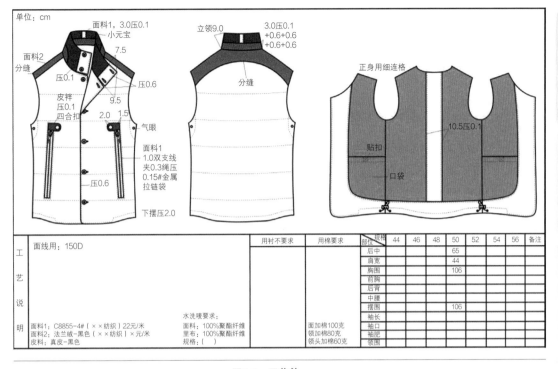

单位：cm

面料1，3.0压0.1
小元宝
7.5
面料2
分缝
压0.1
压0.6
9.5
皮祥
压0.1
四合扣
2.0  1.5
气眼
面料1
1.0双支线
夹0.3绳压
0.15#金属
拉链袋
压0.6
下摆压2.0

立领9.0
3.0压0.1
+0.6+0.6
+0.6+0.6
分缝

正身用细连格
10.5压0.1
贴扣
口袋

| 工艺说明 | 面线用：150D | | 用衬不要求 | 用棉要求 | 规格 部位 | 44 | 46 | 48 | 50 | 52 | 54 | 56 | 备注 |
| --- | --- | --- | --- | --- | --- | --- | --- | --- | --- | --- | --- | --- | --- |
| | | | | | 后中 | | | | 65 | | | | |
| | | | | | 肩宽 | | | | 44 | | | | |
| | | | | | 胸围 | | | | 106 | | | | |
| | | | | | 前胸 | | | | | | | | |
| | | | | | 后背 | | | | | | | | |
| | | | | | 中腰 | | | | | | | | |
| | | | | | 摆围 | | | | 106 | | | | |
| | | | | | 袖长 | | | | | | | | |
| | | 水洗唛要求： | | | 袖口 | | | | | | | | |
| | 面料1：C8855-4#（××纺织）22元/米 | 面料：100%聚酯纤维 | 面加棉100克 | | 袖肥 | | | | | | | | |
| | 面料2：法兰绒-黑色（××纺织）×元/米 | 里布：100%聚酯纤维 | 领加棉80克 | | 领围 | | | | | | | | |
| | 皮料：真皮-黑色 | 规格：（  ） | 领头加棉60克 | | | | | | | | | | |

图5-6  工艺单

### 5.3.5  细节表达

时装款式图要求绘图者必须要把服装交待得一清二楚，所以我们在绘制款式图的过程中，首先头脑里要了解这件时装是如何构成的，并一定要注意把握时装细节的刻画。如果画面大小有限制，可以用局部放大的方法来展示服装的细节，也可以用文字说明的方法为时装款式图添加标注或说明，以把细节交待清楚。在这一方面，服装设计师一定不能怕麻烦，因为细节决定成败。如图5-7所示为细节表现得非常清楚的款式图。

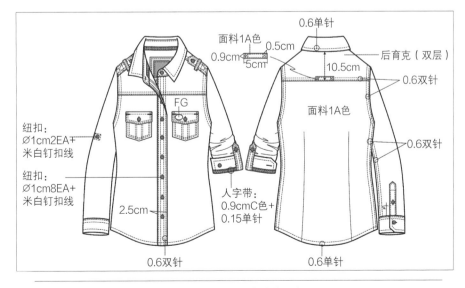

图5-7  细节表现得非常清楚的款式图

第1章 什么是时装画
第2章 怎样画人体
第3章 怎样给人体着装
第4章 怎样给时装画着色
第5章 怎样画时装款式图
第6章 时装画综合表现技法赏析

# 画款式图的步骤

通过前面的学习我们知道，时装款式图是主要用平面形式表现服装款式的图像。款式图记录的不仅是处于静止状态的时装，也要与真实的人体比例保持一致（不是效果图中的变形人体），还要对立体的服装做平面化处理，在款式图上也不必完全画出时装表面因人体动态产生的皱褶，以免影响服装自身结构的表现。下面按照时装的上下装两大品类，分别讲解画款式图的步骤。

## 5.4.1 上装的画法

上装的品类繁多，包括背心、吊带衫、T恤、衬衫、西装和夹克等，画上装首先要符合人体的基本比例，在此基础上才能够画准各种款式图的长宽比例。

### 5.4.1.1 画出上身的人体轮廓

① 成年男性肩宽为2.5个头宽，成年女性的肩宽为2个头宽，因此上衣的肩宽可确定为：男性2.5个头宽，女性2个头宽（如图5-8中的红色虚线圆圈所示，表示头的复制）。

② 女性腰节的长度约等于1个肩宽（也就是腰线的位置，如图5-8中的蓝色虚线括号所示，表示肩的宽度），男性的腰节更长，约1.1个肩宽。

③ 齐臀围的上衣长度约在肩宽的1.5倍处（如图5-8中的橙色虚线括号所示）。

④ 男性的颈宽略小于1个头宽，女性的颈宽约为0.8个头宽。

⑤ 男性的肩斜大于女性的肩斜，袖笼也更深一些，但都不低于胸围线。

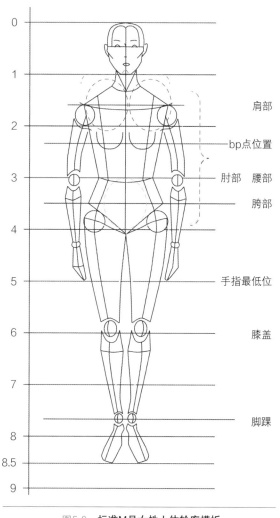

图5-8　标准M号女性人体轮廓模板

⑥ 臀围线与腰节线的距离约为1个头长（如图5-8中的绿色虚线圆圈）。

⑦ 男性的臀宽略小于肩宽，而女性的臀宽略大于肩宽。

当你对标准人体的比例非常熟悉了以后，就可以不再需要画出人体轮廓而直接进入画服装款式线的阶段了。

### 5.4.1.2　画出上衣的外轮廓

在上节所画的身体轮廓的基础上，再根据时装的具体款式，画出上衣款式的外轮廓，这时需要注意以下几个点。

① 领部是有领还是无领，领部的外轮廓是怎样的（具体还将在下面的局部步骤讲解），关键要掌握其与时装的外轮廓重叠部分的画法。

② 肩部是否有垫肩或耸肩，具体造型如何。

③ 上装的长度在什么位置，齐腰节的女性上衣属于短上衣，更高的就是超短上衣；齐臀围的就属于较长的上衣了，更低的就是超长的上衣类型。

④ 腰身的造型是何样的，是收腰型，直身型，还是宽松型，或是喇叭型的；

⑤ 注意各部分的结合，有些部位会出现重叠，如腋下，需要一定的美化处理。

### 5.4.1.3　画出上衣的局部结构

（1）画局部一般先从领子开始

在上衣款式图绘制局部的过程中，领子往往是最重要也是最难画的部分，因为它的形式变化多样，而且结构复杂，所以我们首先要从领子开始画局部。

① 一般领口的宽度约占肩宽的三分之一，画得太宽或太窄都会让人看起来不舒服，男装和女装略有差异。

② 领子的分类

a. 无领：实际上就是只有领型的设计。

b. 立领：无需翻折，结构简单。

c. 翻领：要理解、认识翻领外观特征。

d. 翻驳领：比翻领多一个驳领。

e. 企领：最突出的特点就是有分体的领座和领面。

f. 帽领：有帽兜的领子。

③ 各种领子的绘制

a. 无领。它的形状基本不受结构上的限制。在画款式图时，最关键的一点是确定领深与领宽，难点在于表现出领口的工艺方式及其与衣身结构的结合。如图5-9所示为几种无领的领型款式图。

b. 立领。立领最易表现，结构简单，绘画时只需在设计好的领线上画出领子即可。如图5-10所示为立领的三种基本款式。

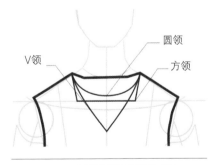

图5-9　几种无领的领型款式图

第1章　什么是时装画
第2章　怎样画人体
第3章　怎样给人体着装
第4章　怎样给时装画着色
第5章　怎样画时装款式图
第6章　时装画综合表现技法赏析

c. 翻领。从外观上看，翻领主要由领底线、翻折线、领面、领里以及领台（领子竖起的部分）构成，如图5-11所示。

• 领台的高低变化取决于领子的款式，同时领台的高度又决定了领面侧面的斜度。

• 领底线也可叫做领口线，只看到后片部分，前片被遮住。后领底线会由于领子翻折的原因向上弯曲，领台越高，曲度越明显。几乎没有领台的平翻领的后领底线较平甚至向下弯曲。

• 领面的变化多种多样，可以在同样的领线上设计不同的造型。

• 画翻领时先在人体模型上根据领深和领高画出翻折线；再画出适当宽度的领面；最后画出肩线和后领底线。

d. 翻驳领。只要分析清楚其结构，表现起来就会很容易。它只是比一般的翻领多了驳领而已，如图5-12所示。

• 画翻驳领时，也是在人体模型上根据领深和领高在中心线两边画出翻折线；然后在翻折线的适当位置画出驳领，相同的翻折线上可以设计很多种款式；再画翻领部分，并设计领尖的样式。

• 画有领面的领还要注意处理好领面与领口以及领面与肩线之间的关系，既要画出立体感又要准确地画出它们的结构。

（2）有开襟的要先画门襟

时装的开襟是为了服装的穿脱方便而设置在服装上的一种结构形式，时装的开襟形式多种多样。

① 开襟按对接方式可分为对合襟、对称门襟、非对称门襟。对合襟是没有叠门的开襟形式。对称门襟及非对称门襟是有叠门的，分左右两襟，锁扣眼的一边称大襟（门襟），钉扣子的一边称里襟。门里襟重叠的部分称叠门，叠门的大小一般为1.7～8cm，它的取值受服装的品种、面料的厚薄及纽扣大小的影响。如图5-13所示为几种不同类型的

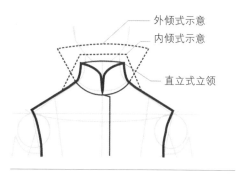

图5-10　三种基本的立领款式图

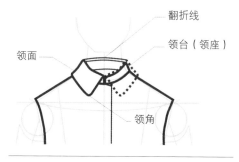

图5-11　**翻领**

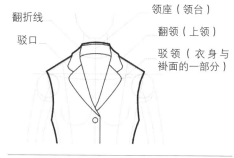

图5-12　**翻驳领**

图5-13　**几种不同类型的门襟开襟方式**

零起点学时装画手绘技法

图5-14　单侧偏门襟的款式图

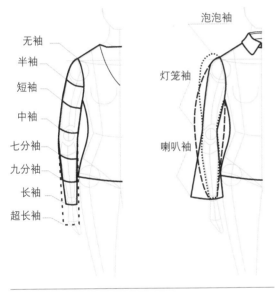

泡泡袖

无袖
半袖
短袖
中袖
七分袖
九分袖
长袖
超长袖

灯笼袖

喇叭袖

图5-15　袖子的不同长度　　图5-16　袖子的不同造型

合体式装袖
落肩式装袖

插肩袖
连身袖

图5-17　袖子与大身各种不同的连接方式

门襟开襟方式。

②开襟有单叠门和双叠门之分，单排纽扣称单叠门，其叠门大小通常在1.7～2.5cm之间。单叠门又有明门襟和暗门襟之分，凡正面能看到纽扣的称为明门襟，纽扣缝在衣片夹层上的称为暗门襟。双排纽扣称为双叠门，其叠门量一般在8cm左右。如图5-14所示为单侧偏门襟的款式图。

③开襟按线条类型可分为直线襟、斜线襟和曲线襟等。

④开襟按长度可分为半开襟和全开襟。如套衫大都是半开襟或开至衣长的三分之一。

⑤开襟按部位可分为前身开襟、后身开襟、肩部开襟及腋下开襟等。

（3）画好袖子

①画一般的袖子可以用袖垂放的状态，如果是画比较特殊的袖子，应该把袖子打开放置，以便充分刻画出非常规范的袖子特征。

②确定袖子的长度，是无袖、半袖还是有袖，袖子垂下后不到腰节线的是短袖，在腰节线附近的是中袖，在臀围线以上的是七分袖，在臀围线以下的是九分袖，在大腿中部的就是长袖，等等。如图5-15所示为袖子的不同长度。

③画好袖子的造型。关于袖型也有直筒袖、泡泡袖、喇叭袖、羊腿袖、灯笼袖等不同造型，如图5-16所示。

④画袖子的轮廓要注意袖子与大身部位的衔接和比例，袖子的长短、宽窄以及外形特征都要通过其与大身相比较来确定。如图5-17所示为袖子与大身各种不同的连接方式。

第1章　什么是时装画
第2章　怎样画人体
第3章　怎样给人体着装
第4章　怎样绘时装画着色
第5章　怎样画时装款式图
第6章　时装画综合表现技法赏析

图5-18　手巾袋

图5-19　箭头袋盖

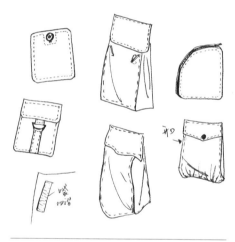

图5-20　各种不同样式的口袋

（4）画出口袋、育克、复式等部件

① 上衣中比较常见的就是口袋，口袋有单开线插袋、双开线插袋、贴袋、有袋盖口袋、立体袋、复合袋等多种样式和造型，如图5-18～图5-20所示。

② 某些时装款式在前后衣片的上方，需横向剪开的部分称育克。育克最常见于衬衣和夹克上（一般在衬衫上称为过肩），连接前身与肩合缝的部件叫前育克，连接后衣片与肩合缝的部件叫后育克。

③ 某些时装款式在前后身的上方还有覆盖在大身上的部件，局部与大身缝合，如肩部和袖笼部，局部活动的部件就是复式，在前胸的称为前复式，在后背的称为后复式。

④ 还有些时装上有克夫，就是在袖口、衣摆处的分割块面，另有开衩等部件，总之所有部件都需要清晰地表现出来，如图5-21所示。

⑤ 上装因各种不同的分割而出现不同的衣片，主要的分割线都有特定的称呼，如前后中线、公主线、育克线、克夫线等，如图5-22所示。

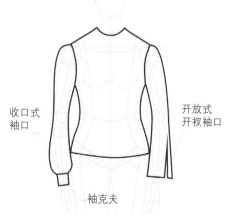

收口式
袖口

开放式
开衩袖口

袖克夫

图5-21　袖克夫和袖衩

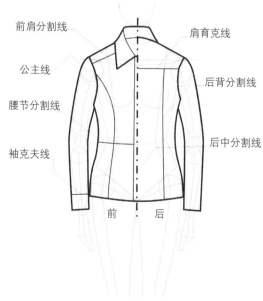

前肩分割线

肩育克线

公主线

后背分割线

腰节分割线

后中分割线

袖克夫线

前　　后

图5-22　各类上装的常用分割线及其名称

### 5.4.1.4　画出局部

上衣中一些特殊的打褶方式（如图5-23所示）、缝合方式、连接方式、装饰方式，腰带以及装饰图案等细部对时装的外观和风格都有重要意义，因此都需要仔细绘制。

缝制工艺比较复杂，刻画时不仅要把握好它们在上衣中的位置和比例，还应清楚地交代它们的缝制特点。如果细部在款式图中所占比例太小，可以用特写的形式将它们放大，如图5-24所示。

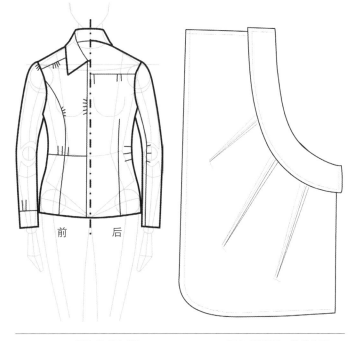

| 图5-23　不同部位的打褶 | 图5-24　局部的缝制工艺放大图 |

除了上述与结构有关的细部以外，时装设计中还有装饰、图案、工艺、配件等许多细部可能产生，总之凡是能够直观看到的都需要将它们表达出来。如图5-25所示为完善了细节以后的款式图。

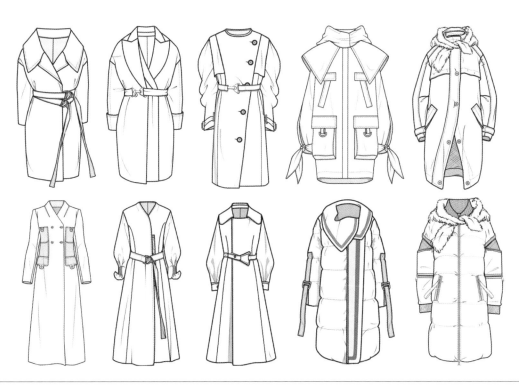

图5-25　完善了细节以后的款式图

第1章　什么是时装画
第2章　怎样画人体
第3章　怎样给人体着装
第4章　怎样给时装画着色
第5章　怎样画时装款式图
第6章　时装画综合表现技法赏析

### 5.4.2 下装的画法

前面我们学习了上装的画法，下装的绘制步骤与上装也是一样的。下装的品类主要包括裙子、裤子和裙裤等，画下装也要符合人体的基本比例，在此基础上才能够画准各种款式图的长宽比例。

#### 5.4.2.1 画出下身的人体轮廓

下装的比例也可以以人体头部的长度为标准来确定，匀称男性的腰宽为1.4个头宽，女性的腰宽为1.3个头宽。

将正常人体以8个头长或8.5个半头长的比例来划分，下肢部分约占整个人体长度的4/7，腰围到大腿根部的长度基本是1个头长的比例，腰围线到臀围线的距离约1个头宽，臀围线到膝盖的距离约为2个头长，膝盖到脚踝的距离约为1.6个头长。

#### 5.4.2.2 画出下装的外轮廓

① 以腰宽为依据，超短裙、裙裤或短裤的长度约为腰宽的长度，齐膝盖的中裙长或裤长约为腰宽的2倍，齐脚面的长裙或长裤长度则约为腰宽的3.5倍，如图5-26所示。

② 裙子或裙裤的外形主要有A型、直筒型和收身型等三个基本造型，由此可以延伸出鱼尾裙、尖角裙等，如图5-27所示。

③ 下装的腰头是非常重要的部分，也是装饰最丰富的部分，最需要把握的基本环节是腰头的位置。处于人体腰线附近的是中腰，在此让5cm的属于高腰，在此之下5cm的属于低腰，如图5-28所示。

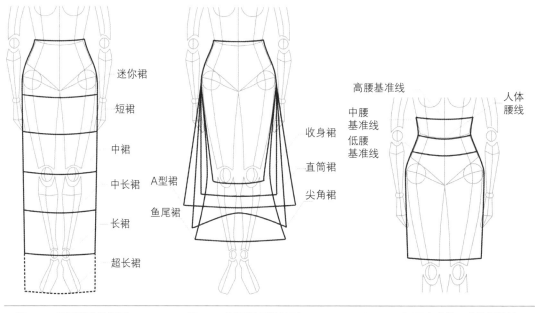

图5-26　不同长度的裙子　　　图5-27　不同造型的裙型　　　图5-28　不同高度的腰头位置基线

④ 裤子从外形上看主要有萝卜型、直筒型、灯笼型和喇叭型等；普通裤长的直裆约是裤长的1/4。

### 5.4.2.3　画出下装的内部结构

腰头和门襟是下装设计的重点，要正确地表现腰头、门襟和裤子下裆的结构关系。此外，各部件的造型，如育克、口袋、袋盖和腰袢等也都要表达清楚，如图5-29和图5-30所示。

### 5.4.2.4　画出局部

裙子和裤子上的细部表现一般与上衣的细部相同。此外，下装的侧面也常常是设计的重点，在款式图上表现服装侧面的设计特点可以用局部打开的形式来处理，如图5-31所示。

总之，通过对裙子和裤子等下装的画法学习，进一步了解人体比例与下装之间的关系，是画好下装款式图的关键。裙裤款式图（如图5-32）的表现技法与裙子和裤子有着相同地方。

下装款式图绘制的要点是把握长与宽的比例关系，比例关系把握得准确与否，将关系到制版师对款式的理解，从而影响制版的准确度。

图5-29　**裙子的款式图**　　　图5-30　**裤子的款式图**

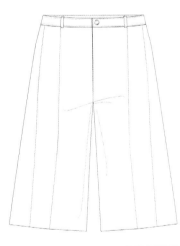

图5-31　**下装细节款式的表现**　　　图5-32　**裙裤款式图**

第1章　什么是时装画
第2章　怎样画人体
第3章　怎样给人体着装
第4章　怎样给时装画着色
第5章　怎样画时装款式图
第6章　时装画综合表现技法赏析

# 5.5 款式图手稿

前面我们学习了最基本的上装和下装的画法，掌握了画上装与下装的基本比例，就可以基本画出各类时装的款式图了。但要绘制直接用于时装制作的款式图，表现技法尤为重要，除掌握服装的比例以外，还需要学好时装款式图的各种表现技法，能够熟练运用表现技法来展示最接近真实时装的款式图。

## 5.5.1 电脑辅助款式图

使用Coreldraw软件直接绘图的电脑辅助制图法，是在Coreldraw软件里采用目测草图法，使用软件中的绘图工具直接将服装款式绘制出来，目前此方法在服装公司广泛运用。本章前面所举的案例基本都是通过电脑辅助的方式来完成的，图5-33和图5-34归纳了一些各种品类时装的综合款式图，以供赏析和参考。

绘制完成后，导出Coreldraw绘制的图片，在Photoshop软件中进行颜色的处理以及立体感的处理等，直至完成或达到自己理想的效果。也可将实际面料扫描后填到款式图中，这样就可以更直接地看到成衣的效果。另外还有Illustrator等软件也被广泛使用。

在生产和流通领域用线描款式图加服装材料小样就可以把服装的特点交代得很清楚。但是，在设计的过程中，仅用线描图表现设计意图是不够的。为了更全面地表现服装的特点，设计者有必要进一步掌握彩色服装款式图的画法，以便用彩色服装款式图将服装的色彩、质感更充分地表现出来，如图5-35～图5-37所示。

图5-33　各种品类时装的综合款式图（一）

第1章　什么是时装画

第2章　怎样画人体

第3章　怎样给人体着装

第4章　怎样给时装画着色

第5章　怎样画时装款式图

第6章　时装画综合表现技法赏析

图5-34　各种品类时装的综合款式图（二）

零起点学时装画手绘技法

第1章 什么是时装画

第2章 怎样画人体

第3章 怎样给人体着装

第4章 怎样给时装画着色

第5章 怎样画时装款式图

第6章 时装画综合表现技法赏析

图5-35 图5-36

图5-37

图5-35 电脑着色的上装
图5-36 电脑着色的下装
图5-37 电脑着色的综合款式

### 5.5.2 手绘款式图

徒手绘制线描画款式图是时装设计者必须具备的能力之一，这种能力为设计构思、记录和交流服装资料带来了许多方便。因此，在熟悉了运用电脑制图的方法以后，还需要通过大量的练习来熟悉徒手绘制款式图的画法，从而使时装款式图成为你表达设计的一种最快、最直接的表现技法和工具。

而且，通过扫描导入Photoshop软件，也可以对款式图进行基本着色和材质着色，由此产生的视觉效果更加逼真和具有美感，如图5-38~图5-45所示。

当你完全掌握了各种服装类型的款式图表达技法以后，就能够结合着效果图充分展现出你的设计理念、构思和意图，如图5-46所示。这样完整的时装画系统不仅能够为工业生产服务，也能够帮助你实现在设计大赛中争得桂冠，成为杰出时装设计师的梦想。

| 图5-38 | 图5-39 |
| 图5-40 | 图5-41 |

图5-38　**手绘连帽运动夹克**
图5-39　**手绘休闲裤**
图5-40　**手绘风雨衣**
图5-41　**手绘抽带中裤**

第1章 什么是时装画

第2章 怎样画人体

第3章 怎样给人体着装

第4章 怎样给时装画着色

第5章 怎样画时装款式图

第6章 时装画综合表现技法赏析

| 图5-42 | 图5-43 |
| 图5-44 | 图5-45 |

图5-42　手绘短袖夹克套装
图5-43　手绘开衫长裤套装
图5-44　手绘针织开衫
图5-45　手绘针织连衣裙

# OFFICE

图5-46　与时装效果图相呼应的服装款式图及其系统

第**6**章

# 时装画综合表现技法赏析

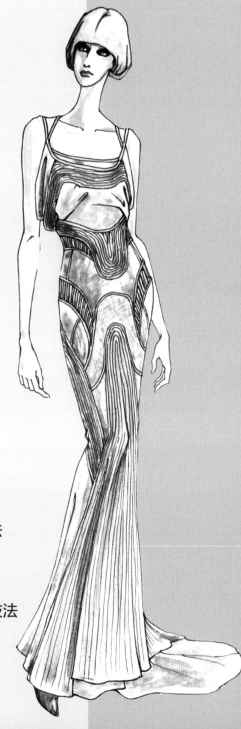

　　如果我们把时装画作为服装设计师职业的基本技能和工具来学习，那么掌握时装效果图的人体画法、着装画法、上色方法和款式图画法，并经常加以练习，成竹在胸，就可以满足作为时装设计师的基本要求了。而如果我们将时装画视为一种时尚艺术的表现形式，并被其特有的魅力深深吸引，兴趣浓厚，那么在这一章，我们就一起来领略一下时装画中各种综合表现技法与风格的不同特色和感染力，相信这些范例会进一步激发你精进时装画技法的热情和不断探索时装画表现力的勇气。

- 麦克笔的表现技法
- 色粉笔的表现技法
- 反白的表现技法
- 拼贴的表现技法
- 电脑辅助的表现技法
- 中国画材的表现技法
- 彩铅及水溶性彩铅的表现技法

# 6.1 麦克笔的表现技法

麦克笔（又叫马克笔）是一种常用的效果图绘画工具。麦克笔有两种类型，一种为油性麦克笔，另一种是水性麦克笔。笔头的形状也有尖头型和斧头型两种，尖头型适合勾线，斧头型用于大面积涂色块。麦克笔的颜色较多，其单色笔和渐变笔类型繁多，是一种非常实用和理想的时装画工具。

使用麦克笔画图，纸张的选用很重要，不要用吸水性过强的纸，这样会使麦克笔的水分渗出而影响画面。用卡纸、素描纸、图画纸等硬质地的纸较适宜，当然也有水溶性马克笔专用纸可以选用。在画之前，最好用笔在废纸上试涂，尝试各种纸的性能，另外看纸上的色彩是否准确，为实际操作做好准备。

画时装画时，大多采用水性麦克笔。其颜色透明，使用方便，笔触与色彩之间较容易衔接。使用麦克笔也可以与其他工具结合使用，先用钢笔或铅笔勾画人物，然后用麦克笔逐步上色，如图6-1和图6-2所示；也可用麦克笔勾线，用水彩或麦克笔上色，如图6-3和图6-4所示。设计师可以依据个人习惯选择使用方法。

麦克笔容易表现如格子面料、毛呢、硬挺的服装，不管时装质地如何，关键在于设计师灵活使用技法。麦克笔在平涂或勾线时，应该注意其特性，要充分表现麦克笔的材质美感。用笔讲究力度，不宜过多

图6-1　用麦克笔上色的时装画（一）

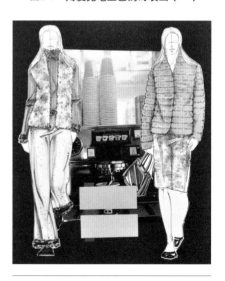

图6-2　用麦克笔上色的时装画（二）

作品赏析

图6-1、图6-2两幅作品主要采用黑色、淡灰色与淡彩色等麦克笔着色，在勾线稿上通过黑白灰的构成关系、明暗的立体塑造、丰富的笔调，将皮草、针织、粗花呢、羊绒等面料的质感，通过简练的手法加以强烈表现，结构清晰，造型准确。

图6-3　麦克勾线、水彩与麦克笔着色的时装画

第1章　什么是时装画

第2章　怎样画人体

第3章　怎样给人体着装

第4章　怎样给时装画着色

第5章　怎样画时装款式图

第6章　时装画综合表现技法赏析

作品赏析

　　图6-3采用黑色油性麦克笔的尖头洗练地勾勒出了人物与时装造型，并以斧头笔触鲜明地填涂服装块面，再结合淡彩来塑造人物的色彩和立体感，以及服装与背景的颜色。虽用笔寥寥，仍能清晰地表达出时装的质感和画面的光线感。

图6-4　直接由麦克笔勾线着色的时装画

作品赏析

　　图6-4采用黑色油性麦克笔的尖头洗练地勾勒出了人物与时装造型，还在投影处用黑色斧头笔触强化衬托处理，再用枯笔在关键的局部加以皴擦，最后运用红色麦克笔的斧头笔触清晰地按照服装的块面和走势着色。

重复涂盖。如果机械地使用麦克笔，会失去它的美感。应该了解工具的性能，扬长避短发挥工具的长处，才能获得理想的效果。

　　麦克笔表现技法的要诀在于用笔要大胆而且精炼，落笔要肯定，不能太多犹豫，尽量一笔到位，避免反复修改。以下我们来赏析一些以麦克笔为主要表现工具的时装画作品，如图6-5～图6-7所示。

图6-5　麦克笔黑白时装画（一）　　　　图6-6　麦克笔黑白时装画（二）

　　图6-5、图6-6两幅作品都是黑白麦克笔作品，就是运用黑色油性麦克笔的两头，采用勾、画、涂、擦、点等手法，塑造头发、人体、时装材质与图案，并在点线面的构成上下功夫，对比强烈，虚实有度，主次分明，感染力强。

图6-7　用麦克笔绘制的彩色时装画

第1章　什么是时装画

第2章　怎样画人体

第3章　怎样给人体着装

第4章　怎样给时装画着色

第5章　怎样画时装款式图

第6章　时装画综合表现技法赏析

作品赏析

图6-7这幅作品，先是运用黑色水性麦克笔的两头，采用线面结合的手法，塑造头发、人体、时装结构和材质等，还通过肉色宽头麦克笔特有的笔触来填色造型，表现立体感，手法熟练，虚实有度，笔调丰富，层次鲜明。

# 6.2 色粉笔的表现技法

　　使用色粉笔或色粉颜料来画线和涂色，并采用擦笔或棉签等材料来做晕化处理，是创作时装画的一种常见技法。这种方法能产生较丰厚的色彩效果，也比较容易体现某些特别的材质，如磨砂、水印、麂皮、针织等材料。色粉笔表现的速度可以很快，既可以造型，也可以皱面，还能够创造某些时装的意境。

　　色粉笔分软性和硬性两种，软性色粉笔出的时装画更柔和，硬性色粉笔较尖锐，可用于刻画细节。通常以使用硬性的色粉笔为主，用于勾线和画细节，再结合软性的粉笔来作时装画。用色粉笔画的时装画如图6-8～图6-10所示。

　　纸张选择也很重要，有专门为粉笔画生产的纸张，较厚、机理较粗；也可选择普通细纹的各色卡纸，纸张颗粒没有那么粗，适合创作比较细腻的时装画。不同材质的纸张上绘制的色粉笔时装画如图6-11～图6-13所示。

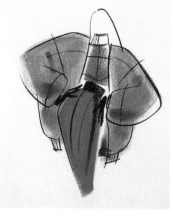

图6-8　用色粉笔画的时装画（一）　　图6-9　用色粉笔画的时装画（二）　　图6-10　用色粉笔画的时装画（三）

　　图6-8～图6-10这三幅作品均采用了相同的色粉笔勾线和着色手法，具体步骤是：先确定整幅时装画的大体块面位置，如人物和时装各部分造型等；然后用色粉笔的大侧面涂抹块面，并体现一定的轮廓和虚实；然后用色粉笔的尖角部分勾勒线条，用笔的准确和洒脱是关键，起到画龙点睛的作用；最后再运用擦笔加以局部涂抹，增加了虚实的效果。

图6-11 在较粗质的画纸上绘制的色粉笔时装画（一）

图6-12 在较粗质的画纸上绘制的色粉笔时装画（二）

作品赏析

图6-11、图6-12这两幅作品不同于前作的地方是笔者采用了线面结合的色粉笔表现技法，即在画线的同时顾及面的处理，作画的时候不断变化笔与纸面接触的角度，从而达到由线到面、由面到线的自由转换和过渡；此外，这两幅作品很好地处理了光影效果，令画面通透而明亮，反白的手法也体现了绝佳的视觉效果。

图6-13 在较绒面的画布上绘制的色粉笔时装画

作品赏析

图6-13这幅作品是用色粉笔在绒面纸上创作的一幅时装画，其特点在于充分利用了色粉与线面的接触效果，产生了非常厚实的质感，与本图所要表现的针织面料产生了一致的视效；此外，本作品还运用了装饰的处理手法，从而赋予该画作以鲜明的风格。

第1章 什么是时装画

第2章 怎样画人体

第3章 怎样给人体着装

第4章 怎样给时装画着色

第5章 怎样画时装款式图

第6章 时装画综合表现技法赏析

当然粉画笔也可画在纸板或麻布画框上，并可结合其他工具来作画，如和水彩、丙烯、水粉结合，会有意外效果。如图6-14～图6-16所示为炭笔和色粉笔结合的时装画。有兴趣的读者可以尝试一下，相信一定会有新的感受！

图6-14　炭笔和色粉笔结合的时装画（一）

图6-15　炭笔和色粉笔结合的时装画（二）

图6-16　炭笔和色粉笔结合的时装画（三）

作品赏析

　　图6-14～图6-16这三幅作品均是先以炭笔勾勒，再用色粉笔着色，最后使用淡麦克笔烘托肤色与暗部的手法来表现的时装效果图。在造型优美的人物与时装结构下，通过不同色相的色粉笔调和笔触，充分表现了各种服装材料的特质，如毛涤、毛呢、裘皮、经编等面料质感，用笔挥洒自如，形神兼备。

# 6.3 反白的表现技法

反白的表现是指在有一定色彩的单色或底纹纸面上，使用较厚的颜色覆盖底色来创作时装画的技法。由于背景纸面颜色有一定的深度，而所画的对象比较明亮，因此会让画面具有更加强烈的立体感，有一种跃然纸上的视觉效果，如图6-17和图6-18所示。

反白法要达到一定的色彩覆盖度，故而所用颜料以粉质的为主，并可以层层堆叠，以达到较强的视觉对比效果。但同时也要注意保持笔触的爽快和用笔的精妙，如图6-19和图6-20所示，以适应时装画的需要。

反白的表现技法同样也适用于表现非常简练的线条与色块平面，由此而产生非常清爽和舒适的视觉效果，需要注意的是彩色纸张的选择与应用，如图6-21和图6-22所示。

图6-17　用反白法绘制的服饰配件时装画（一）

图6-18　用反白法绘制的服饰配件时装画（二）

作品赏析

图6-17、图6-18这两幅作品都是在有色纸上创作而成的服饰配件效果图。两幅作品首先都运用了素描的手法，将鞋与包的基本造型和明暗关系加以表现，再用白笔绘制出浅色的肤色和高光亮部，通过利用有色纸的固有色，就自然形成了整幅画面的亮部（反白部分）、中间调（纸张固有色部分）和暗部（素描部分）三个层次，从而轻松体现了作品的丰富感和对象的立体感。

图6-19　用反白法绘制的剪影式时装画

作品赏析

　　图6-19这幅作品运用的则是平面图案式的反白法，剪影式简洁地表现出人物的形象，并将其与服装中的英国国旗图案中的白色条纹自然衔接，画面中的色块均是平涂的，在深蓝色的背景中展现清新亮丽的时装效果。

图6-20　用反白法绘制的头像时装画

作品赏析

　　图6-20这幅头像时装画作品，与图6-17和图6-18的服饰配件作品一样，也是在有色纸上创作而成。该作品同样运用了素描的手法，将人物、服装以及鸟的基本造型和明暗关系加以表现，再用白笔和白色水彩反出浅色的头发高光和白色衬衣，通过利用有色纸的固有色，也自然形成了整幅画面的亮部、中间调和暗部三个层次，并适当辅以淡彩，从而轻松体现了作品的丰富感和对象的立体感。

图6-21　用反白法绘制的线描时装画　　　　　　　图6-22　用反白法绘制的色块简练时装画

第1章　什么是时装画

第2章　怎样画人体

第3章　怎样给人体着装

第4章　怎样给时装画着色

第5章　怎样画时装款式图

第6章　时装画综合表现技法赏析

**作品赏析**

　　图6-21这幅作品的特点在于：是在黑色卡纸上，用白笔的白描反白法创作而成的时装图。画中老练的线条、挥洒的造型、强烈的对比，都通过反白的手法展现得淋漓尽致。反白法既可以表现线条，也可以表现块面，同样还能表现色彩层次。

**作品赏析**

　　图6-22这幅作品结合了前面介绍的多种反白手法，先是在铅笔线描的基础上，采用平面化的白色来表现连衣裙的块面，整体而简明，再用淡粉色的反白来表现肤色，在有色纸面上，塑造了立体感较强的人体发肤，平面和立体相互掩映，既富有韵味，又具有鲜明的对比。

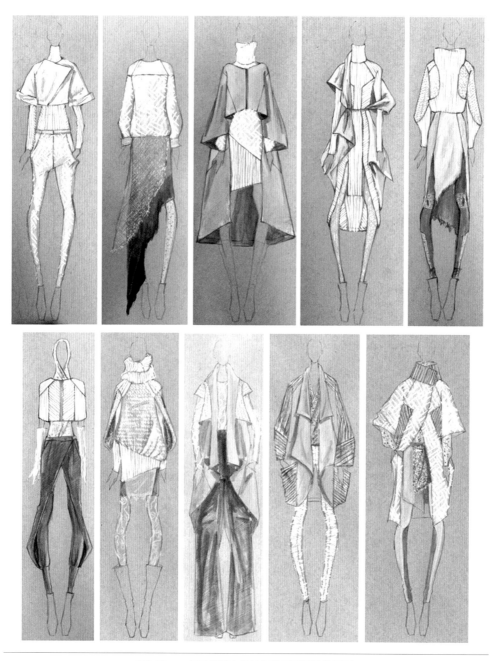

图6-23　一幅运用反白法绘制的系列时装效果图

　　图6-23是一幅运用反白法绘制的系列时装效果图，在有色纸上，运用白笔和白色淡彩，轻松表现出了不同纹理的针织结构及其裁片样式，如罗纹结构、鱼鳞结构、反目结构等。此外，比较浅色的服装部分也用到了反白的手法，如浅米色的蕾丝面料，毛呢面料等。学会运用反白法来进行设计稿的创作将令你的时装设计作品层次丰富、结构清晰、感染力更强。

图6-24　一幅在金色珠光卡纸上创作的时装画

图6-24是笔者创作在金色珠光卡纸上的反白三人时装画，先用墨线勾勒出近、中、远三位模特的体态与时装结构，再施以不同深度的黑色水彩块面与笔触，表达出时装人物的暗部关系、服装的不同材质与细节，如羽毛、流苏、皮饰带和高跟鞋等。当所有的黑与灰的构造与关系表达充分以后，笔者以白色反出光线的照射和受光面的亮部线条，如模特脸部和身体边缘的白色线条、时装上的受光块面，以及蕾丝裙摆的纹样。此时，强烈逆光的视觉效果和立体感觉已经跃然纸上，最后笔者还用了一些亮黄和粉绿色表现了羽毛和皮吊带裙的固有色，丰富了作品的色彩感。作品用笔利落，质感强烈，构图新颖。

图6-25　一幅在蓝色珠光卡纸上创作的时装画

图6-25是笔者创作在蓝色珠光卡纸上的又一幅反白三人时装画，采用了与图6-24所示作品完全不同的水粉厚画法绘制。先用褐色与黑色画出背景台阶与皮革复古沙发及阴影等块面；然后用不同色相的粉色绘制时装与配饰的色块，如粉红色的小西装，藏青色的直筒裙，玫瑰红色和宝蓝色的连衣裙，同时也塑造了不同色块的立体形态；再用同样的技法厚画出白皙的女模皮肤质感及光影效果；最后在反白的色块面上刻画人物的五官、头发和时装细部结构，如腰带、蝴蝶结、项链、网纱和高跟鞋等，并用厚粉的不同笔法描绘了时装上奢华的纹样与沙发上的铜钉。整幅时装画构图典雅，女模姿态婀娜、气质高贵，立体感强烈，具有舞台般充满戏剧性的光影效果。

# 6.4 拼贴的表现技法

时装画不仅可以画出来，还可以拼贴出来。所谓拼贴的表现技法，就是全部或部分使用纸张、面料或实物等材料，通过拼贴的方法，适当结合照片、绘画，甚至实物等来构成一幅画面。这种手法的好处是能够比较直观而且整体地表现时装的材质、廓型以及视觉中心，具有立体的真实效果，以及很强的视觉冲击，常用以表达设计灵感，体现特殊的视觉效果。

由如图6-26～图6-35的这些范例，我们可以看到，在时装画的创作过程中，并没有特定的工具与形式的限制，恰恰相反的是，如果设计师的时装画风格越是独特，形式越是新颖，材料越是丰富，越能够获得观者的青睐。尤其是在一些灵感创意的过程中，需要运用多种材料、工具和手法来进行时装画的创作，并将其融入设计的进程中。这种以拼贴为主的时装画表现技法在国外的学生时装画作品中已使用得非常普遍，这一方面可以弥补绘画基本功的不足，另一方面更是体现设计创意的绝佳手段。

图6-26 **使用印刷品、面料等拼贴出来的时装画**

作品赏析

　　图6-26这幅时装画作品由杂志纸张、牛仔面料和印花雪纺面料三种材料构成。人体部分用杂志材料，上衣用印花雪纺，裙子和高跟鞋用牛仔面料，人物与服饰全部剪贴而成，未用线条描绘，整体感强烈。

图6-27　使用照片、纸张和面料等拼贴出来的时装画

第1章　什么是时装画

第2章　怎样画人体

第3章　怎样给人体着装

第4章　怎样给时装画着色

第5章　怎样画时装款式图

第6章　时装画综合表现技法赏析

作品赏析

图6-27这幅时装画作品是在一幅黑白照片的基础上，用彩色纸张、蕾丝面料和雪纺面料等材料构成的。拼贴法所用的材料是没有限定的，也未必需要绘画，主要以表现设计构思为目的。

图6-28　使用绘画结合真实花瓣拼贴出来的时装画

作品赏析

图6-28这幅时装画作品是在一个简单的线描画的基础上，采用了花瓣实物拼贴而成。花瓣的拼贴非常讲究，充分体现了设计师对于这款礼服的结构与造型的构思，后期可以通过面料立体裁剪实现其效果。

图6-29　使用绘画结合糖纸拼贴出来的时装画

图6-30　使用绘画结合玻璃纸等材料拼贴出来的时装画

　　图6-29、图6-30这两幅时装画作品均采用了简单的人物线描画结合拼贴的手法完成。由于玻璃纸具有半透明的性能，因而可以透露出底色和线条来，并且玻璃纸可以是如图6-29那样采用几何形状地来拼贴，亦可以采用如图6-30所示自由拼贴的手法，其产生的折叠效果亦如服装穿在身上的感觉。

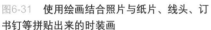

图6-31 使用绘画结合照片与纸片、线头、订书钉等拼贴出来的时装画

图6-32 使用照片与面料和辅料等拼贴出来的时装画

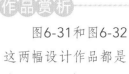

作品赏析

图6-31和图6-32这两幅设计作品都是在黑白照片的基础上，用纸板、线头和毛呢面料等材料构成。图6-31还加上了涂鸦的手法。两幅作品都具有后现代的解构意境，这正是拼贴法的另一种自然而然的设计意味，未必要精细准确，却可以传达设计师的设计理念。

作品赏析

图6-33这幅效果图作品不同于前作的地方在于：是在一幅彩色照片的基础上，贴上了一张硫酸纸（又叫拷贝纸），然后再涂抹白色并勾勒线条。这种拼贴手法主要用于对原作的更改设计过程之中，既有艺术性，又具有设计的过程性特征，相当实用。

图6-33 使用照片与硫酸纸叠合拼贴出来并涂画的时装画

第1章 什么是时装画

第2章 怎样画人体

第3章 怎样给人体着装

第4章 怎样绘时装画着色

第5章 怎样画时装款式图

第6章 时装画综合表现技法赏析

作品赏析

图6-34这幅时装效果图作品不同于前作的地方在于：是在一幅黑白人物素描的基础上，使用同种图案的实物布料结合手包的拼贴构成。该作品的拼贴手法具有显著的装饰特征，体现了非常强烈的立体效果。

图6-34　使用照片与服饰配件的实物等拼贴出来的时装画

图6-35　用拼贴法表达的系列效果图

作品赏析

图6-35的这幅时装设计系列效果图，用人物与面料照片作为剪贴素材，按照时装设计的廓形、结构和搭配等构思，比较轻松地剪贴出大体的服装块面和部件，以及人体和配饰，再用黑色和白色的手绘表达出细节和配件。这样的剪贴效果图整体感很强，又非常体现直观效果，对于设计思维的开发很有帮助。

# 6.5 电脑辅助的表现技法

在当今社会，电脑已成为人们不可或缺的学习与实践的辅助工具，本章特别总结了通过电脑辅助来绘制时装画的表现技法范例，并加以简单分析。

本书的第5章已经介绍了使用CorelDraw和Illustrator等软件来绘制款式图的方法，这些主要是矢量图形的制作方法，也是一种电脑辅助时装画的表现技法。而在本节我们要举例的主要是运用Photoshop等位图软件来创作时装画的技法。这种手法可以是将手绘与电脑辅助相结合的，也可以是纯粹运用电脑完成的，但无论采用哪种方式，设计师都需要具备一定的时装绘画的基础，才能够借助电脑真正画好时装画。如图6-36所示为运用电脑辅助设计软件完成的时装效果图与款式图。

当然，我们也可以完全在电脑中创作一幅时装画，如图6-44～图6-49所示范例那样，借由电子笔和绘图板的辅助，游刃有余地绘制时装画作品。相信通过大量的练习，完全使用电脑设备来绘制时装画必将成为许多现代设计师和时装画家的首选。

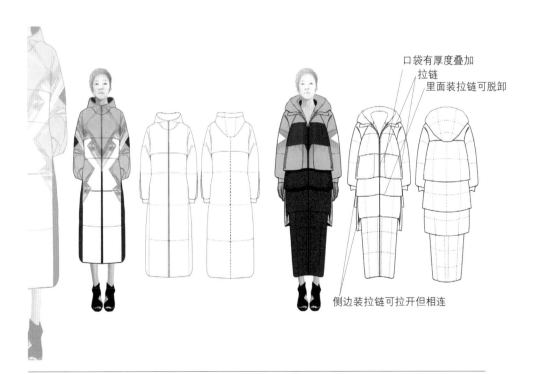

图6-36　运用电脑辅助设计软件完成的时装效果图与款式图

第1章　什么是时装画
第2章　怎样画人体
第3章　怎样给人体着装
第4章　怎样给时装画着色
第5章　怎样画时装款式图
第6章　时装画综合表现技法赏析

图6-37　运用手绘结合电脑着色完成的系列女装设计效果图（一）

图6-38　运用手绘结合电脑着色完成的系列女装设计效果图（二）

图6-39 运用手绘结合电脑着色完成的系列男装设计效果图（一）

图6-40 运用手绘结合电脑着色完成的系列男装设计效果图（二）

第1章 什么是时装画

第2章 怎样画人体

第3章 怎样给人体着装

第4章 怎样给时装画着色

第5章 怎样画时装款式图

第6章 时装画综合表现技法赏析

图6-41　运用手绘结合电脑着色完成
的系列男装设计效果图（三）

图6-42　画好线稿，用扫描仪输
入电脑

图6-43　在Photoshop软件中运用
笔触工具着色

作品赏析

　　图6-37～图6-41所示范例，都是先用单色线描的手绘起稿，然后通过扫描仪输入电脑，再由Photoshop软件进行着色和填图，从而达到逼真的时装效果，具体的步骤如图6-42和图6-43所演示的那样，要注意着色的层次和笔触效果，必要时可用纹理填充工具，以达到更佳的效果。

图6-44　完全通过电脑绘制的时装画（一）

图6-45　完全通过电脑
绘制的时装画（二）

图6-46　完全通过电脑绘制的
时装画（三）

图6-44～图6-46的范例中，设计师运用了电子笔的表现方式来绘制，接近于手绘的笔触和画法，只是工具不同而已。而图6-47～图6-49的范例则主要运用块面层叠和渐变着色的表现方式，即先用电脑软件中的曲线工具绘制各种不同造型的块面，如脸部和五官、头发和服饰等，以及背景等，然后用着色工具，通过渐变上色和平涂上色法，让画面呈现出丰富的视觉效果。

第1章 什么是时装画

第2章 怎样画人体

第3章 怎样给人体着装

第4章 怎样给时装画着色

第5章 怎样画时装款式图

第6章 时装画综合表现技法赏析

图6-47
图6-48
图6-49

图6-47 完全通过电脑绘制的时装画（四）
图6-48 完全通过电脑绘制的时装画（五）
图6-49 完全通过电脑绘制的时装画（六）

# 6.6 中国画材的表现技法

谈到中国画，通常给人以古典和传统的感觉，随着中国时尚日益步入国际舞台，时装画也日益盛行起了中国风，正所谓"民族的，就是世界的。"

中国画是中国的传统绘画形式，是用毛笔蘸水、墨、彩作画于绢或纸上。工具有毛笔、墨、国画颜料，材料有宣纸、绢等。由于生宣纸具有天然的晕化效果，故而意境美感很强，如图6-50和图6-51所示；而熟宣纸或者上过胶矾的绢则没有晕化墨迹，比较易于掌握和表现时装细节，如图6-52和图6-53所示。

图6-50　在宣纸上创作的水墨时装画

中国画题材中本来就有人物科，而且是起源最早的门类，技法也可分为工笔、写意和兼工带写三类。工笔画在唐代已盛行起来，其之所以能取得卓越的艺术成就，一方面缘于绘画技法的日臻成熟，另一方面也取决于绘画材料的改进。工笔画需画在经过胶矾加工过的绢或宣纸上。初唐时期，因绢料的改善而对工笔画的发展起到了一定的推动作用。工笔画着重线条美，一丝不苟是工笔画的特色。其上色也很讲究，有"三矾九染"或"三烘九染"的说法，都是要求反复晕染

图6-51　在宣纸上创作的彩墨时装画

的。而当代时装画不必那么烦琐，略有意味即可（如图6-54和图6-55所示），或者可以表

**作品赏析**

在图6-50和图6-51的范例中，笔者充分利用了生宣纸的晕染效果进行创作。图6-50主要以水墨色画就，先用细笔刻画脸部五官、手部和配饰，然后以大笔触和饱满的水墨边勾勒边施水墨，让时装廓形在墨线与墨色中跃然纸上。而图6-51则先用水墨比较细腻地刻画出模特造型和时装的主要特征，如X形廓型和格纹呢料等，然后再用淡墨烘染暗部阴影与结构，同样也利用了生宣纸的晕染特点。

图6-52　在熟宣纸上创作的彩墨时装画（一）　　　图6-53　在熟宣纸上创作的彩墨时装画（二）

作品赏析

　　图6-52和图6-53的范例，笔者创作于上过胶矾的熟宣纸之上，较之生宣纸上的作品，更易于表现模特与时装的细节。先用墨线勾勒出人体的五官轮廓和时装与配饰结构，再以不同颜色的彩墨用大笔触利落地上色，并且用湿画法衔接不同时装部位的光影效果，干湿有度，明暗有致。

图6-54　以工笔手法创作的水墨时装画　　　　　　图6-55　以工笔手法创作的彩墨时装画

作品赏析

　　图6-54和图6-55的范例，笔者同样也是在熟宣纸之上创作，以工笔的线条细腻地勾勒人物造型和时装内容，并精细地描绘出配饰、纹样和衣纹等，且都用具有中国传统工笔画风格的线条和烘染手法。

第1章　什么是时装画

第2章　怎样画人体

第3章　怎样给人体着装

第4章　怎样给时装画着色

第5章　怎样画时装款式图

第6章　时装画综合表现技法赏析

现出当代装饰风格的效果来（如图6-56和图6-57所示）。

写意画则更讲究心灵感受，笔随意走，谓之意笔。写意画不重视线条，重视意象，与工笔画的精细背道而驰，但是写意画的生动却往往胜于工笔画（如图6-58和图6-59所示）。

兼工带写则是一种比较综合的表现技法，既有勾线的部分，又有笔意的恣意，如图6-60和图6-61所示。

图6-56　以工笔装饰风格为手法创作的时装画（一）

图6-57　以工笔装饰风格为手法创作的时装画（二）

作品赏析

图6-56和图6-57的范例，笔者在特种底纹的熟宣纸之上进行创作，以工笔方式表现时装画的题材，同时对时装及人物的造型进行了装饰处理，令时装画产生了中西合璧的新颖艺术效果。两幅作品还精细地描绘出配饰、纹样和背景等，且都用具有中国传统工笔画风格的线条和烘染手法，表现出时尚的气息。

图6-58　以写意手法创作的水墨时装画（一）　　图6-59　以写意手法创作的水墨时装画（二）

图6-58和图6-59的范例，笔者都是以写意的手法来表现时装的主题。写意要求意到笔不到，不求处处表达，但求特征与气韵的传递。除了用笔的精妙以外，造型方面亦可有夸张和虚实的变化，重点处可以详细刻画，包括五官、手部和服饰图案；而虚的部分则可用大笔一带而过，甚至不着一墨，留给观者以想象的空间。

图6-60　以兼工带写技法创作的彩墨　　　图6-61　以兼工带写技法创作的彩墨
　　　　时装画（一）　　　　　　　　　　　　　时装画（二）

图6-60和图6-61的范例，笔者采用了兼工带写的表现技法，也就是一些精细的部分使用了工笔勾线的方式，如人物五官、手部和时装图案等；而在大块面的整体部分，如阴影暗部、时装色彩和衣纹等处，则以写意的方式概括表现，这样便可以达到主体明确、细节精彩、疏密有度的时尚视觉效果。

第1章　什么是时装画

第2章　怎样画人体

第3章　怎样给人体着装

第4章　怎样给时装画着色

第5章　怎样画时装款式图

第6章　时装画综合表现技法赏析

# 6.7 彩铅及水溶性彩铅的表现技法

　　彩铅可能是我们最早接触到的绘画工具之一，而现在可能需要重新来认识它，如图6-62所示为用蜡质彩铅表现的人物侧脸。彩铅时装画是一种综合了素描和色彩两种基本表现技法的时装画表现形式，如图6-63所示。其独特性在于色彩丰富且细腻，通过不同色彩的排线可以表现出相当逼真的画面效果，或较为轻盈、通透的质感，这是其他工具、材料很难在短时间内达到的，如图6-64所示。若能充分利用彩铅的独特性能，创作出精细时尚的作品，就是真正优秀的彩铅时装画，如图6-65所示。

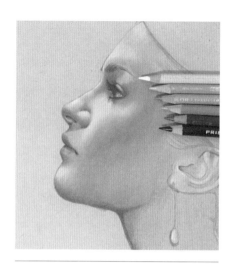

图6-62　用蜡质彩铅表现的人物侧脸

图6-63　综合了素描和色彩两种基本表现技法的彩铅时装画

**作品赏析**

　　图6-63的范例采用了素描和色彩相结合的表现技法。用黑色蜡质彩铅素描法绘制人物及套装和包袋，排线细腻而又有节奏，质感强烈。而在彩色衬衣部分，则用彩色蜡质彩铅着色，对比鲜明，立体感和光感也非常逼真。

彩铅的材质大多数是以蜡为基质的，色彩极为丰富，表现效果特别强烈。而另一种比较特殊的彩铅为碳基质的，具有水溶性，称为水溶性彩铅。这种水溶性的彩铅很难形成平润的色层，在上水时会形成水迹色斑，很类似水彩画，因而可以体现艺术性更强的视觉效果，如图6-66所示。

蜡质彩铅时装画的基本画法有平涂和排线两种，是结合素描的线条排列来进行造型的方法，如图6-67所示。由于彩铅有一定笔触，所以，在排线平涂的时候，要注意线条的方向，要有一定的规律，轻重也要适度。因为蜡质彩铅为半透明材料，所以上色时按先浅色后深色的顺序，否则浅色的线条会压不住深色的线条。若要达到更为细腻的色彩效果，可以用多种色彩交叉排线的方法，达到色彩

图6-64　用蜡质彩铅在有色纸上表现的时装画

图6-64的范例创作在有色纸上，使用了蜡质彩铅为工具，色彩丰富且细腻，通过不同色彩的排线表现出逼真的画面效果，丰厚而有立体感，且通过线条塑造了轻盈、通透的花朵和头发质感，装饰感也十分强烈。

图6-65　用蜡质彩铅绘制的非常精细的时装画

图6-65的范例充分利用了蜡质彩铅细腻的表现力，将人物、毛皮的服装，甚至是彩色小鸟的造型与色彩都表现得丝丝入扣，且描绘了童话般的意境，体现了人与自然和谐相处的主题，是具有时尚效果的优秀作品。

混合的视觉效果。若要对物体的亮面和高光进行处理，则可以用橡皮擦拭或用小刀刮擦，以进行局部提亮刮擦，如图6-68～图6-70所示。

水溶性彩铅时装画在第一阶段与蜡质彩铅类似，也是以平涂排线法为主，即运用彩色铅笔均匀排列出铅笔线条，达到色彩一致的效果。也可以用叠彩法，即运用彩色铅笔排列出不同色彩的铅笔线

第1章　什么是时装画

第2章　怎样画人体

第3章　怎样给人体着装

第4章　怎样给时装画着色

第5章　怎样画时装款式图

第6章　时装画综合表现技法赏析

167

图6-66绘制过程

图6-66 用水溶性彩铅绘制的写意时装画

作品赏析

　　图6-66是笔者用水溶性彩铅,以纯写意的手法绘制的一幅时装画作品。先用彩铅从小圆礼帽开始绘制;然后是脸部、眉毛、睫毛以及头发和身体,用笔自然洒脱,色彩丰富淡雅;最后再用水来晕染笔触,做出类似水彩画的效果,展现了水溶性彩铅的丰富表现力。

图6-67 运用排线和平涂两种技法的蜡质彩铅在有色纸上表现的时装画

作品赏析

　　图6-67的范例也是在有色纸上创作的,而且表现出蜡质彩铅的两种不同表现技法,一种是排线立体法,运用在了人物头部的表现上;另一种是勾线平涂法,描绘了真丝雪纺衬衣的质感和平面装饰感,不失为一幅优美的彩铅时装画。

条,色彩可重叠使用,变化较丰富。所不同的是,在第二阶段上水色的过程中,水溶性彩铅遇水溶解,会将前期所画的线条融汇于一体,产生水彩画的视觉效果,还可以利用水溶性彩铅溶于水的特点,将彩铅线条与水融合,达到退晕的效果,即水溶退晕法。水溶性彩铅绘制时装画的优秀范例较少,笔者特别为本书的读者绘制了各种不同风格的作品来展示水溶性彩铅更加丰富的艺术表现力(如图6-66和图6-71~图6-75所示)。

图6-68　用蜡质彩铅表现的男性脸部局部 图6-69　用蜡质彩铅表现的CHANEL品牌时装画 图6-70　主要用蜡质彩铅表现的真丝连身裙时装画

**作品赏析**

　　图6-68～图6-70的范例，分别表现了男性脸部的局部，女性头像和CHANEL品牌的服饰，以及全身的真丝连身裙，所有细节和质感的表现都通过色彩线条的排布塑造，细腻而有光泽。把握好排线法就能够表现几乎所有的人物、服饰机理和题材。

图6-71绘制过程

图6-72绘制过程

图6-71　用水溶性彩铅绘制的流行歌手特洛伊·希文（Troye Sivan）的时装画第一阶段

图6-72　用水溶性彩铅绘制的流行歌手特洛伊·希文（Troye Sivan）的时装画第二阶段

**作品赏析**

　　图6-71和图6-72的范例分别是笔者运用水溶性彩铅，以流行歌手特洛伊·希文（Troye Sivan）为原型创作的半身时装画的两个阶段时装画。

图6-73 用水溶性彩铅绘制的流行歌手比莉·艾利什（Billie Eilish）的时装画第一阶段

图6-74 用水溶性彩铅绘制的流行歌手比莉·艾利什（Billie Eilish）的时装画第二阶段

图6-73绘制过程

图6-74绘制过程

**作品赏析**

　　图6-73和图6-74的范例分别是笔者运用水溶性彩铅，以流行歌手比莉·艾利什（Billie Eilish）为原型创作的半身时装画的两个阶段时装画。在第一阶段（如图6-73所示），笔者先用排线法从眼部开始绘制，然后到脸部、眉毛、睫毛以及头发和身体服装，追求形神兼备，用笔轻松自然洒脱，色彩丰富淡雅协调，塑造了时尚人物独特的气质和造型。

　　在第二阶段（如图6-74所示），笔者在上一阶段彩铅线条的基础上，用毛笔蘸清水给画作上色，过程中，水分会令碳基色粉充分溶解，用笔不宜滞留，需爽快利落，并可对局部重复上色，上色后的时装画更加逼真，更具时尚魅力。

图6-75绘制过程

图6-75　在中国传统宣纸镜心上绘制的普拉达（PRADA）时装画

第1章　什么是时装画

第2章　怎样画人体

第3章　怎样给人体着装

第4章　怎样给时装画着色

第5章　怎样画时装款式图

第6章　时装画综合表现技法赏析

## 作品赏析

　　图6-75是笔者用水溶性彩铅绘制在中国传统宣纸镜心上的普拉达（PRADA）时装画。本作品的特点在于将水溶性铅笔这种西式工具与中式材质加以混合，用彩铅从色彩定位开始绘制，然后刻画眼部、脸部、眉毛、睫毛以及头发，再到孔雀礼帽、手表和皮包，用笔自然洒脱，色彩丰富淡雅，最后用水和水彩上色，不仅展现了水溶性彩铅的丰富表现力，还创造出了一种中西合璧式的高贵、优雅和含蓄的复古时尚气质。

　　总之，不论是蜡质彩铅还是水溶性彩铅，对于初学者来说都不失为一种学习和表现设计效果的良好的绘画工具，稍加练习和临摹就可以很快上手，并由此开始你的时装画旅程。

　　综合本章所示的各种范例可见，时装画的表现工具、材料和技法是非常丰富多样的，当你具备了一定的基础技能以后，就可以大胆地进行尝试和探索，运用各种工具、材料和手法来进行时装画的创作。

　　而作为一名设计师，始终需要铭记在心的是：时装画是因时尚这个巨大的产业而存在的，适应时尚的需求，顺应时尚潮流的时装画，就是最好的时装画！

参考文献

[1] （英）David Danton. 时装画：17位国际大师巅峰之作. 刘琦，译. 北京：中国纺织出版社，2013.

[2] （美）Aeron Park. 服装设计师的速成手册——时装画的手绘表现技法. 齐颀，译. 上海：上海人民美术出版社，2014.

[3] （美）Bill Thames. 美国时装画技法. 白湘文，赵惠群，编译. 北京：中国轻工业出版社，1998.

[4] （日）高村是州. 国际时装画技法经典教程：服装款式与结构. 石晓倩，译. 北京：中国轻工业出版社，2013.

[5] （美）Bill Abling. 美国经典时装画技法. 谢飞，译. 第6版. 北京：人民邮电出版社，2014.

[6] （日）渡边直树. 时装画技法基础教程. 暴凤明，译. 北京：中国青年出版社，2014.

[7] （美）Kate Hagen. 美国时装画技法教程. 张培，译. 北京：中国轻工业出版社，2008.

[8] （英）John Hopkins. 时装设计元素：时装画. 沈琳琳，崔荣荣，译. 北京：中国纺织出版社，2010.

[9] 刘霖，金惠. 时装画. 第4版. 北京：中国纺织出版社，2010.

[10] 邹游. 时装画技法. 第2版. 北京：中国纺织出版社，2012.

[11] 吴艳梅. 时装画技法. 北京：北京理工大学出版社，2012.

[12] 刘婧怡. 时装画手绘表现技法（从基础到创意，完美时装画的终极法则）. 北京：中国青年出版社，2012.

[13] 胡越. 服饰设计快速表现技法. 上海：上海人民美术出版社，2008.

[14] Giglio Fashion工作室. 时装设计专业进阶教程2：时装画人体表现技法. 北京：中国青年出版社，2013.

[15] 郝永强. 实用时装画技法. 北京：中国纺织出版社，2011.

[16] 王悦. 时装画技法——手绘表现技能全程训练. 上海：东华大学出版社，2010.

[17] 郭琦. 时装画手绘表现技法. 上海：东华大学出版社，2013.

[18] 陈石英. 手绘时装画马克笔技法. 大连：辽宁科学技术出版社，2013.

[19] 赵晓霞. 时装设计专业进阶教程3：时装画电脑表现技法. 北京：中国青年出版社，2012.

[20] William Packer. Fashion Drawing in Vogue. New York: Thames and Hudson，1997.